核桃优质栽培关键技术

HETAO YOUZHI ZAIPEI GUANJIAN JISHU

苗卫东　扈惠灵　刘遵春　编著

中国科学技术出版社
·北京·

图书在版编目（CIP）数据

核桃优质栽培关键技术 / 苗卫东，扈惠灵，刘遵春编著 . —北京：中国科学技术出版社，2018.1

ISBN 978-7-5046-7807-2

Ⅰ. ①核… Ⅱ. ①苗… ②扈… ③刘… Ⅲ. ①核桃—果树园艺 Ⅳ. ① S664.1

中国版本图书馆 CIP 数据核字（2017）第 276383 号

策划编辑	刘 聪 王绍昱	
责任编辑	刘 聪 王绍昱	
装帧设计	中文天地	
责任校对	焦 宁	
责任印制	徐 飞	

出 版	中国科学技术出版社
发 行	中国科学技术出版社发行部
地 址	北京市海淀区中关村南大街16号
邮 编	100081
发行电话	010-62173865
传 真	010-62173081
网 址	http://www.cspbooks.com.cn

开 本	889mm×1194mm 1/32
字 数	94千字
印 张	4.125
版 次	2018年1月第1版
印 次	2018年1月第1次印刷
印 刷	北京威远印刷有限公司
书 号	ISBN 978-7-5046-7807-2 / S·685
定 价	20.00元

Contents 目 录

第一章
概　述

一、起源和分布

（一）起　源

我国核桃栽培历史悠久。据对古化石、孢粉和碳化标本的研究，核桃在我国已有七千年左右的栽培历史。我国是核桃原产地之一，在欧洲、美洲和亚洲等一些国家栽培较多，在非洲则较少。

我国核桃种质资源丰富。早在 2000 年前，我国就有栽植核桃的历史，在我国的古农书中对核桃的品种、繁殖方法和栽培技术等均有描述。晋代郭义恭所著的《广志》（公元 3 世纪）中记载"陈仓胡桃薄皮多肌，阴平胡桃大而皮脆，急捉则碎"。唐代段成式的《西阳杂俎》（公元 9 世纪）中记载"胡桃仁曰虾蟆，高丈许。春，初生叶长 3 寸，两两相对，三月开花如栗花，穗苍黄色，结实如青桃。九月熟时沤烂皮肉，取核内仁为果，北方多种之，以壳薄仁肥者为佳"。《群芳谱》（1621 年成书）中记载"核桃种植选平日实佳者，留树弗摘，俟其自落，青皮自裂，又拣壳光纹浅体重者作种，掘地二三寸，入粪一碗，铺片瓦，种一枚，覆土踏实，水浇之"。

（二）分　布

核桃适应性强，分布广泛，全世界生产核桃的有 32 个国家，其中以亚洲、欧洲、北美洲及中美洲数量最多，亚洲居领先地位。我国核桃的栽培面积和株数居世界首位。

国外核桃栽培在欧洲以土耳其、意大利、罗马尼亚、南斯拉夫、保加利亚、法国较多，产量也高；希腊、波兰、匈牙利、捷克、奥地利、瑞士、比利时及俄罗斯也都有大量栽培。在美洲以美国为多，栽培地区集中在加利福尼亚州，占全国产量的 90%，机械化水平较高。在亚洲的伊朗、印度也有大量栽培。

核桃在我国的分布范围广泛，从北纬 21°～44°，到东经 75°～124°均有种植，主要分布在暖温带和北亚热带。我国华北、西北、西南各省份都有栽培，以山东、河北、河南、浙江、山西、陕西、甘肃、青海、四川、云南、贵州、湖北西部及新疆南部为多。辽宁南部、江苏、安徽等省也有栽培。在我国广东、福建、台湾由于气温过高，核桃栽培较少；在东北北部及陕西北部、新疆北部，则由于气温严寒核桃栽培也较少。

二、栽培价值与经济效益

核桃位居世界著名四大干果（核桃、扁桃、榛子、腰果）之首，也是我国重要的经济林栽培树种，无论是木材本身，还是叶片、枝条、果实、青皮、根，特别是核桃仁，都具有广泛的用途和较高的经济价值。

（一）营养价值

核桃仁营养价值极高，味道鲜美，除直接食用外，常用做各种糕点的重要配料，为我国传统的食品加工原料。

据分析，核桃仁含油量平均为 63.08%～68.88%，比大豆、油菜籽、花生和芝麻含油量均高；蛋白质含量为 15% 左右，最高 29.7%，高于鸡蛋（14.8%）、鸭蛋（13%），为豆腐的 2.1 倍，鲜牛奶的 5 倍；碳水化合物含量约为 10%。核桃仁还含有丰富的维生素及钙、铁、磷、锌等多种无机盐。核桃油中的脂肪酸主要是油酸和亚油酸，约占总量的 90%，因此容易被消化，吸收率高。

（二）医疗保健价值

核桃的保健作用早已被国内共识。我国称核桃"万岁子"、"长寿果"，国外称它为"大力士食品"。我国医药文献有许多食疗法，妊娠期常吃核桃仁，可促使婴儿发育，囟门提前闭合。核桃仁可使儿童益智，老年人长寿。仁中的维生素 E 具有防老化和记忆力减退等效果；亚油酸可以软化血管，阻滞胆固醇的形成，预防和治疗心血疾病。核桃仁还可顺气补血，温肠补肾，止咳润肤，为常用的补药。在国外，美国宇航员的食谱里列有核桃饼；法国人讲究在冬季 3 个月里每周吃一次核桃（5～10 粒）进行保健。

核桃叶的水提物对炭疽菌、白喉杆菌有强大的杀菌作用；对霍乱弧菌、枯草杆菌、肝炎球菌、链球菌、金黄色葡萄球菌、大肠杆菌、伤寒杆菌有微弱的杀菌作用。叶中多酚复合物有消炎作用；核桃根皮制剂为温和的泻剂，可用于慢性便秘；枝条制剂能增强肾上腺皮质的作用，并提高内分泌等体液的调节能力。核桃的青皮被中医称为"青龙衣"，可治疗一些皮肤病及骨神经痛等。

（三）食品产业

核桃历来受到世界各国人民的喜爱，并把它作为厚重而高雅的礼品，如瑞典露西亚女神节，扮装的女神送给大家的食物，其中一定有核桃；欧美国家的圣诞节，都要互相馈赠核桃；我国自古以来也把核桃视为贵重的礼品。以核桃为主、辅原料的食品种类达 200 多种，大致可分为 6 大类：一是家常食品。二是风味小吃，如一捻酥、庐江烧卖、核桃饼、百果蜜糕等。三是主食或糕点馅料，如汤圆、核桃馍、什锦元宵等。四是烹调菜点，如北京的虎皮核桃仁、山西的桃肉猪头糕、上海的桃仁鸡等。五是加工食品，如北京的核桃蘸、山西的咸甜核桃仁罐头、河北的琥珀核桃仁罐头等。六是核桃饮料，如北京的核桃乳等。

（四）附属产品价值

核桃壳除作活性炭、研磨材料和肥料外，其粉末还可作为添加剂用来生产一种极耐磨的新型轮胎。这种轮胎既不损伤路面，又不产生粉尘公害。此外，核桃壳粉末还可做眼镜框、纽扣、食品类、半导体零件等，用途很广

核桃的木材质地坚硬，纹理细致，伸缩性小，抗击力强，不受虫蛀，色泽淡雅，花纹美丽，质地细韧，经打磨后光泽宜人，且可染上各种色彩，能用于制造高级胶合板。核桃木材是高级家具、军工用具、高档商品包装箱及乐器的优良材料。

核桃青皮含有单宁，可制栲胶，用于染料、制革、纺织等行业；青皮浸出液可防治象鼻虫和蚜虫，其残渣含有蛋白质等营养成分，可做家畜饲料。

（五）绿化和生态作用

核桃树体高大，枝干挺立，树冠枝叶繁茂，多呈半圆形，具有较强的拦截烟尘、吸收二氧化碳和净化空气的能力，在国内外常用做行道树或观赏树种。核桃抗性、适应性强，根系发达，又是绿化荒山、保持水土的优良树种之一。

（六）经济效益高

从 20 世纪 80 年代初，我国果业持续保持了强劲的发展势头。在此期间，包括苹果、柑橘在内的多种水果的价格出现了大的波

动，其中桃、葡萄等果品的价格起伏频次多、频幅大。然而核桃因受产业特性和市场需求的多重影响，市场上价格不断攀升，栽植核桃每 667 米^2 的年收入至少 3 000 元，且产品价格和效益仍在稳步上升。因此，核桃树具有很高的生态效益、经济效益和社会效益。

三、存在的问题及发展前景

长期以来，我国核桃产量一直低而不稳，直到 80 年代产量才呈稳步上升趋势。1986—1990 年，全国核桃平均年产量为 5.41 万吨。1993 年全国核桃总产量达 18 万吨，其中云南、山西和陕西产量占总产量的 51.85%。人均占有量不到 0.3 千克。

我国核桃生产近 10 多年来发展较快，但与发达国家相比，尚存在较大差距，主要表现在经营管理粗放，产量低，产品质量差等方面。尽快改善经营和核桃品质，是我国核桃产业亟待解决的问题。不过，我国现有 2 亿多株核桃树，按株产 5 千克计算，总产量可达 100 万吨，其发展潜力还是很大的。

核桃是我国传统的出口商品，早在 20 世纪 30 年代，我国核桃仁就出口到欧洲国家。20 世纪 60 年代我国核桃取代印度核桃进入英国和德国市场。20 世纪 70 年代至 80 年代，我国出口的核桃占世界贸易的 50% 以上，位居世界第一。因为我国的核桃仁规格全、品味好，所以在国际上有稳定的市场和固定的消费群体。国内近几年由于人们生活水平的提高，核桃的消费急剧增加，并且价格保持相对稳定。从长远看，在我国发展优质、安全的核桃生产，其前景还是十分广阔的。

第二章
核桃的生物学特性

一、生命周期

核桃树寿命长，几百年生大树仍能结实。根据核桃一生中树体生长发育特征，可划分为4个年龄时期。

（一）生长期

从苗木定植至开始开花结实之前称为生长期。这一时期的长短，因核桃品种或类型的不同差异较大。一般晚实型实生核桃为7～10年，早实型实生核桃生长期较短，播种后2～3年就可开花结果，有的甚至在播种当年就能开花。生长期的特征是树体离心生长旺盛，树姿直立。在栽培管理上要加强土肥水管理，迅速扩大树冠。同时，对非骨干枝条加以控制或缓放，促使提早开花结实。

（二）生长结果期

从开始结果至大量结果以前称为生长结果期。这一时期，树体生长旺盛，枝条不断增加，随着结实量的增多，分枝角度逐渐开张，离心生长渐缓，树体基本稳定，晚实核桃为7～20年。此期栽培的主要任务是加强综合管理，促进树体成形和增加果实产量。

（三）盛果期

从大量结果至产量开始明显下降前称为盛果期。主要特征是果实产量逐渐达到高峰并持续稳定，树冠和根系伸展都达到最大限度，并开始呈现内膛枝干枯、结果部位外移和局部交替结果等现象。这一时期是核桃树一生中产生最大经济效益的时期。栽培的主要任务是加强综合管理，保持树体健壮，防止结果部位过分外移，及时培养与更新结果枝组，以保持高额而稳定的产量，延长盛果期年限。

（四）衰老更新期

产量明显下降，骨干枝开始枯死，后部发生更新枝，称为衰老更新期。本期开始的早晚与立地和栽培条件有关。晚实核桃从80～100年开始，早实核桃进入衰老更新期较早。这一时期在加强土肥水管理和树体保护的基础上，有计划地更新骨干枝，形成新的树冠，恢复树势，以保持一定的产量并延长其经济寿命。

二、植物学特性

（一）根

核桃属深根性果树，主根较深，侧根水平伸展较广，须根细长而密集。在土层深厚的土地上，晚实核桃成年树主根可深达6米，侧根水平伸展半径超过14米，根冠比可达2或更大。核桃侧生根系主要集中分布在20～60厘米的土层中，占总根量的80%以上。1～2年生实生苗主根垂直生长速度很快，地上部生长较慢。据河北农业大学调查，1年生核桃树主根生长的长度为干高的5.33倍，2年生树为干高的2.21倍。所以，有人说核桃是"先坐下来，后站起来"。3年生以后，侧根生长加快，数量增加。随树龄增加，水平根扩展加速，营养积累增加，地上枝干生长速度超过根系生长。

同品种和类型的核桃幼苗根系生长表现有较大的差别，在相同条件下，早实核桃2年生苗木的主根深度和根幅均大于晚实核桃。成龄核桃树根系生长与土壤种类、土层厚度和地下水位有密切关系，土壤条件和土壤环境较好，根系分布深而广。核桃具有菌根，当土壤含水量为40%～50%时，菌根发育较好，有利于核桃树高、干径、根系和叶片的生长。

核桃的根系一年中有3次生长高峰。第一次在萌芽至雌花盛花期；第二次在6～7月份；第三次在落叶前后。

因此，核桃栽培应选择土壤深厚、质地优良、含水充足的地点，有利于根系的生长发育，从而加速地上部枝干的生长，以达到早期优质丰产的目的。

（二）枝

核桃树的枝条可分为营养枝、结果母枝和结果枝、雄花枝3种。

1. 营养枝 又称生长枝，指只着生叶芽和复叶的枝条，可分为发育枝和徒长枝2种。发育枝是由上年的叶芽萌发形成的健壮营养枝，顶芽为叶芽，萌发后只抽枝不结果，它是形成骨干枝、扩大树冠、增加营养面积和形成结果母枝的主要枝类。徒长枝是由主干或多年生枝上的休眠芽（潜伏芽）萌发形成，分枝角度小，生长直立，节间长，枝条当年生长量大，但不充实。对徒长枝应加以控制，疏除或改造为结果枝组，是老树赖以更新复壮的主要枝类。

2. 结果母枝和结果枝 着生混合芽的枝条称为结果母枝，由混合芽萌发抽生的枝条顶端着生雌花的称为结果枝（图2-1）。晚实核桃的结果母枝仅顶芽及其以下2～3个芽为混合芽。早实核桃的粗壮结果母枝，其侧芽均可形成混合芽。由健壮的结果母

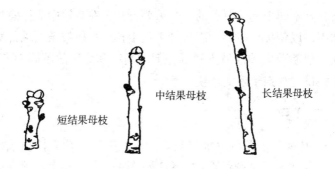

短结果母枝

中结果母枝

长结果母枝

图2-1 核桃结果母枝

枝上抽生的结果枝，在结果的同时仍能形成混合芽，可连年结实。

3. 雄花枝 是指除顶端着生叶芽外，其他各节均着生雄花芽的枝条，雄花枝顶芽不易分化混合芽。雄花枝生长细弱且短小，在5厘米左右，在树冠内膛、衰弱树和老树上雄花枝数量比较多（图2-2和图2-3）。

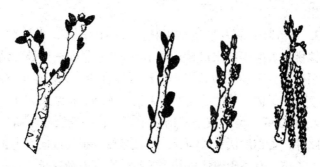

图2-2 核桃雄花枝　　图2-3 雄花枝萌芽与开花状

核桃枝条的生长与树龄、营养状况、着生部位有关。生长期或生长结果期树上的健壮发育枝，年周期内可有两次生长（春梢和秋梢）；长势较弱的枝条，只有一次生长。二次生长现象随着年龄的增长而减弱。

核桃树背后枝（倒拉枝）吸水力强，生长旺盛，易强于背上枝，是不同于其他树种的一个重要特性。在栽培中应注意控制或利用，以免扰乱树形，影响骨干枝生长。核桃枝条顶端优势较强，一般萌芽力和成枝力较弱，但因类群和品种的不同而不同，早实核桃往往强于晚实核桃。

（三）芽

1. 叶芽 萌发后只抽枝长叶的芽叫叶芽。营养枝顶端着生的叶芽芽体大，呈圆锥形或三角形（铁核桃）；侧生叶芽芽体较小，呈圆球形或扁圆形（铁核桃）。着生于枝条上端的叶芽可萌发抽枝，着生于枝中下部的芽常不萌发，成为潜伏芽。

2. 雄花芽 萌发抽生雄花序的芽叫雄花芽。雄花芽呈塔形，鳞片小，不能覆盖芽体，呈裸芽状，着生于顶芽以下 2～10 节，萌发后抽生葇荑花序。核桃雄花芽数量与类群或品种特性、树龄、树势等有关，老树、弱树、结果小年树上的雄花芽量大。雄花芽过多，消耗大量养分和水分，影响树势和产量，应加以控制和疏除。

3. 混合芽 萌发抽生结果枝的芽叫混合芽，也称雌花芽，晚实核桃多着生于结果母枝顶端 1～3 节；早实核桃健壮结果母枝的顶芽及以下各节位腋芽均可形成混合芽。混合芽芽体肥大，圆形，鳞片紧包，萌发后抽生结果枝，顶端开花结果。

4. 休眠芽 位于枝条基部或中下部，一般当年不萌发的芽叫休眠芽，也称潜伏芽或隐芽。当枝条受到损伤或向心生长阶段可萌发生枝，有益于树体更新。核桃休眠芽寿命较长，百年以上的树，其隐芽仍有萌发能力，故核桃树的树冠在生命周期中可多次更新。

核桃树各类芽的着生排列方式较多，可单生或叠生，有雌芽或叶芽单生的；雌芽、叶芽叠生；雄芽、雌芽叠生；叶芽、雄芽叠生；叶芽、叶芽叠生；雄芽、雄芽叠生等。叠生的双芽，着生在前者为副芽，后者为主芽（图2-4）。

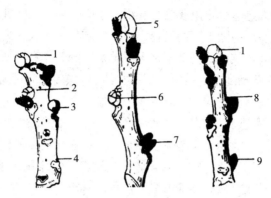

图2-4　核桃芽的类型

1.顶雌芽　2.雌、雄叠生芽　3.叶、叶叠生芽　4.潜伏芽　5.顶叶芽
6.雌、叶叠生芽　7.雄、雄叠生芽　8.叶、雄叠生芽　9.雄芽

（四）叶

1. 叶的形态　核桃叶片为奇数羽状复叶，顶端小叶最大，其下对生小叶依次变小。小叶的数量因种类不同而异，普通核桃一般为5～9片。复叶的数量与树龄大小、枝条类型有关。复叶的多少对枝条和果实的生长发育影响很大。据报道，着生双果的结果枝，需要有1～6个以上的正常复叶才能维持枝条、果实及花芽的正常发育及连续结果能力。低于4个复叶，不仅不利于混合花芽的形成，而且果实发育不良。

2. 叶的发育　在混合芽或叶芽开裂后数天，可见到着生灰色茸毛的复叶原始体，经5天左右，随着新枝的出现和伸长，复叶逐渐展开，再经10～15天，复叶大部分展开，自下向上迅速生长，经40天左右，随着新枝形成和封顶，复叶长大成形。10月底叶片变黄脱落，气温较低的地方，核桃落叶较早。

（五）果　实

核桃雌花受精后第十五天合子开始分裂，经多次分裂形成鱼雷形胚后即迅速分化出胚轴、胚根、子叶和胚芽。胚乳的发育先于合子分裂，但随着胚的发育，胚乳细胞均被吸收，故核桃成熟种子无胚乳。核桃从受精至坚果成熟需 130 天左右。据罗秀钧等（1988）在郑州地区的观察，依果实体积、重量增长及脂肪形成，将核桃果实发育过程分为以下 4 个时期。

1. 果实迅速生长期　5 月初至 6 月初，30～35 天，为果实迅速生长期。此期果实的体积和重量均迅速增加，体积达到成熟时的 90% 以上，重量达 70% 左右。随着果实体积的迅速增长，胚囊不断扩大，核壳逐渐形成，但色白质嫩。

2. 果壳硬化期　6 月初至 7 月初，35 天左右，核壳自顶端向基部逐渐硬化，种核内隔膜和褶壁的弹性及硬度逐渐增加，壳面呈现刻纹，硬度加大，核仁逐渐呈白色，脆嫩。果实大小基本定型，营养物质迅速积累。

3. 种仁充实期　7 月上旬至 8 月下旬，50～55 天，果实大小定型后，重量仍有增加，核仁不断充实饱满，核仁风味由甜变香。

4. 果实成熟期　8 月下旬至 9 月上旬，果实重量略有增长，总苞（青皮）的颜色由绿变黄，表面光亮无茸毛，部分总苞出现裂口，坚果容易剥出，表示已充分成熟。

核桃大多数品种落花较轻，但落果比较重。雌花落花多在开花末期，花后 10～15 天，幼果长至 1 厘米左右时开始落果，2 厘米左右时达到高峰，至果壳硬化期（6 月下旬）基本停止。一般侧芽枝落果比顶芽枝多。

三、开花结果习性

核桃开始结果年龄因品种不同而不同。早实核桃一般在定植后 2～3 年开始结果，晚实核桃则要 8～10 年。幼树一般雌花比雄花早形成 1～2 年。

（一）花芽分化

1. 雌花芽分化　雌花芽与顶生的叶芽为同源器官，雌花芽于6月下旬至7月上旬开始分化，10月中旬出现雌花原基，约于冬季来临前雌花原基出现总苞原基和花被原基，至翌年雌花各器官才能分化完成，整个分化过程约需10个月。

2. 雄花芽分化　雄花序与侧生叶芽为同源器官，雄花芽的分化比叶芽分化快，雄花芽从4月下旬至5月上旬开始分化，至翌年春才逐渐分化完成，从分化开始至开花散粉的整个过程约需12个月。雄花序在整个夏季大体没变化，呈玫瑰色，秋季变成绿色，进入冬季变成浅灰色。

雌先型与雄先型品种的雌花，在开始分化时期及分化进程上均存在着明显的差异。

（二）开　花

核桃为雌雄同株异花序植物，在同一株树上雌花开花与雄花散粉时间常不能相遇，称为雌雄异熟。有3种表现类型：雌花先于雄花开放，称为雌先型；雄花先于雌花开放，称为雄先型；雌雄同时开放，称为同熟型。一般雌先型和雄先型较为常见，自然界中，两种开花类型的比例各占约50%，但在现有优良品种中雄先型居多。雌先型的品种一般都是早实核桃。

雌雄异熟除了品种的原因外，还受树龄和环境条件的影响。同一品种的幼树常常表现的异熟性更强。另外，温度、水分、空气湿度、土壤湿度、土壤类型等因素也能影响雌雄异熟的程度。如冷凉的条件下，有利于雌花先开，而在湿度高的条件下，有利于雄花先开。这种雌雄异熟的特性对授粉有不良的影响，这是核桃低产的主要原因之一。因此，要求在核桃栽培中必须配置授粉树。可将雌雄花同时开放的品种混栽，或雌先开的品种配置雄先开的授粉树。山地冷凉地区宜选择雄花先开品种，而在较暖地区

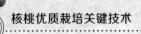

宜选择雌花先开品种。

核桃一般 1 年开 1 次花，但有的品种 1 年可开 2 次花，不过 2 次花期不一致，开花早的二次果可以成熟，但果个小，开花晚的二次果则不能成熟。所以，二次开花的习性不利于生产。

（三）坐　果

核桃的雌花柱头不分泌花蜜，无蜜蜂和昆虫传播花粉，属风媒花，借助自然风力进行传粉和授粉。花粉的飞翔能力与风速和距离有关，因此配置授粉树要注意授粉树的距离，一般不远于 150 米。核桃花粉落到雌花柱头上约 4 小时后，花粉粒萌发并长出花粉管进入柱头，16 小时后可进入子房内，36 小时达到胚囊，36 小时左右完成双受精过程。核桃花粉的寿命在自然条件下只有 2～3 天，如果在低温条件下，可存放更长时间。核桃花粉的发芽率与其他果树相比比较低，这也是核桃低产的一个原因。

核桃坐果率一般为 40%～80%，自花授粉坐果率较低，异花授粉坐果率较高。核桃存在孤雌生殖现象，也就是说，没有经过授粉和受精，也能结果，而且具有成熟的种子。但孤雌生殖能力的百分率因品种和年份不同而有所差别。若授粉受精不良、花期低温、树体营养积累不足及病虫害等均可导致核桃落花落果。

四、对生长环境的要求

（一）海　拔

在我国北部地区，核桃树多栽植在海拔 1000 米以下的地方，秦岭以南多栽培在海拔 500～1500 米，云南、贵州地区，核桃树多生长在海拔 1500～2000 米的地方，而辽宁以南，由于冬季寒冷，核桃树多生长在海拔 500 米以下的地方。

（二）温　度

普通核桃适宜生长在年平均温度 8℃～15℃、极端最低温度 ≥ –30℃、极端最高温度 ≤ 38℃、无霜期 150～240 天的地区。春季日平均温度 9℃开始萌芽，14℃～16℃开花，秋季日平均温度 <10℃开始落叶进入休眠期。幼树在 –20℃条件下出现"抽条"或冻死，成年树虽然能耐 –30℃的低温，但低于 –28℃～–26℃时，枝条、雄花芽及叶芽易受冻害。核桃展叶后，气温降至 –2℃时，会出现新梢冻害。花期和幼果期气温降至 –1℃～2℃时，受冻减产。生长期气温超过 38℃～40℃时，果实易发生日灼，核仁发育不良，形成空壳。核桃光合作用最适温度为 27℃～29℃，一年中的 5～6 月份光合强度最高。

（三）光　照

核桃属于喜光树种。在一年的生长期内，日照时数和强度对核桃的生长、花芽分化及开花结实影响很大，特别是进入盛果期的核桃树，更需要有充足的光照条件。全年日照时数在 2 000 小时以上，才能保证核桃正常发育。当光照时数低于 1 000 小时时，核桃仁、壳均出现发育不良。生长期，尤其是阴雨、低温，易造成大量落花落果。核桃园边缘树结果好，树冠外围枝结果好。因此，在栽培核桃时应注意地势的选择，调整好株、行距并进行合理的整行修剪，以满足其对光照的要求。

（四）土　壤

核桃属于深根系树种，其根系的生长需要有较深厚的土层（1 米），才能保持良好的生长发育。如果土层较薄，则影响根系的正常生长，易形成"小老树"，不能正常结果，早实核桃会出现早衰或整株死亡。核桃适于在土质疏松、排水良好的沙壤土或壤土上生长，在地下水位过高和质地黏重的土壤上生长不良。核桃在含钙丰富的土壤中生长良好，核仁香味浓，品质好。核桃树对土壤酸碱度的适应范围为 pH 值 6.2～8.3，最适宜的 pH 值为 6.5～7.5，土壤含盐量应在 0.25% 以下，稍超过即影响生长结果，过高会导致植株死亡，氯酸盐比硫酸盐危害大。因此，应按栽种地区的土壤特点，选择适宜的品种。土层薄、土质差的地区，应在深翻熟化、提高土壤肥力的基础上，发展晚实核桃品种，并注意实行覆膜覆草，加强管理，以提高效益。

此外，核桃树是喜肥植物，据有关资料，每收获 100 千克核桃，其根系需要从土壤中吸收 2.7 千克纯氮，氮肥能提高核桃的出仁率，氮、磷、钾肥不但能增加核桃的产量，而且能改善核桃仁的品质。但是在具体的生产过程中要注意，施氮肥要适量，过量的氮肥会使核桃树的生长期延长、延迟果实成熟和新梢停止生长的时间，对核桃树尤其是对新梢安全越冬不利。

（五）水 分

核桃树对土壤水分的要求比较严格，往往不同的种群和品种，对土壤中含水量的适应能力有很大的差别。在年降水量 500～700 毫米的地区，如有较好的水土保持工程，不灌溉也可基本上能满足要求。新疆的早实核桃，原产地的年降水量少于 100 毫米，若引种到湿润和半湿润地区，则易患病害。核桃树可耐干燥的空气，但对土壤水分状况却比较敏感。土壤过旱或过湿均不利于核桃树的成长和结实，土壤干旱，则阻碍根系对水分的吸收及地上部蒸腾，干扰正常的新陈代谢，导致落花落果，甚至叶片变黄而凋零脱落。土壤水分过多或积水时间过长，会造成土壤通气不良，使根系呼吸受阻而窒息腐烂，从而影响地上部的生长发育或植株死亡。若秋季雨水过于频繁，常常会引起核桃青皮早裂、坚果变黑。因此，建园要求山地核桃园要布设水土保持工程，以涵养水源；平地和洼地要布设排水设施，以保证涝时能排水。总的要求是核桃园的地下水位应在地表 2 米以下。若达不到此要求，可考虑起垄栽植满足此要求，否则不能建园。

（六）坡向和坡度

1. 坡向　核桃树适宜生长在背风向阳处。实践证明，同龄核桃植株，其他的地理条件完全一致，只是坡向不同，其生长结果有明显的差异，具体表现为阳坡＞半阳坡＞阴坡。

2. 坡度　坡度的大小直接影响土壤冲刷的程度和成产的难易。坡度越大，土壤水肥的冲蚀量也越大，生产操作难度也越大；反之，则小。坡度较大时，应做相应的工程。核桃树适于在 10° 以下的缓坡、土层深厚而湿润、背风向阳的条件下生长。种植在阴坡，尤其坡度过大和迎风坡面上，往往生长不良，产量很低。坡度大时，应整修梯田进行水土保持，以免土壤冲刷。山坡的中下部土层较厚而湿润，比山坡中上部生长结果好。

（七）风

适宜的风量、风速有利于授粉和增加产量。核桃 1 年生枝髓心较大，在冬春季多风地区，生长在迎风坡面的树易抽条、干梢，影响树体生长发育，不利于丰产树形的培养，栽培中应注意营造防风林。

第三章
核桃种类和主要优良品种

一、主要种类

（一）黑核桃

黑核桃分布于美国及拉丁美洲，包括16个树种，我国已引入部分树种，其中有东部黑核桃、北加州黑核桃、魁核桃和小果黑核桃。

落叶乔木，树高可达30米以上，树冠圆形或圆柱形。树干皮暗褐色，纵裂深。枝条灰褐色或暗褐色，具短茸毛，阔三角形芽。奇数羽状复叶，小叶15～23片，柄极短，叶缘有不规则的锯齿，背面有腺毛。雌花序有小花2～5朵簇生。果实圆球形，浅绿色，表面有小突起，被茸毛。坚果为圆形，稍扁，先端微尖，壳面有不规则的深刻沟，壳坚厚，难开裂。

黑核桃作为砧木，亲和力强，抗寒性强，较抗线虫和根腐病，有矮化及提早结实的作用。魁核桃作为砧木亲和力也较强，较耐盐碱。小果黑核桃耐干旱盐碱。北加州黑核桃抗寒性差，抗根腐病。

（二）核桃楸

核桃楸主要分布于东北和华北各省份，垂直分布可达海拔2000米以上。

落叶乔木，树高 20 米以上，树冠长圆形。树干皮灰色或暗灰色，老时有线状纵裂。枝条灰色粗壮，有腺毛，皮孔隆起、白色，芽三角形。奇数羽状复叶互生，小叶 9～17 片，叶柄极短或无柄，叶缘细锯齿，表面光滑，背面密生短细茸毛。雌花序 5～11 朵小花，串状着生。果皮表面有腺毛，成熟时不开裂。坚果长圆形，先端锐尖，有 6～8 条棱脊，壳坚厚，极难取仁。

核桃楸可以用作砧木，亲和力较强，实生苗变异大，苗期生长势弱，易发生小脚现象。

（三）野 核 桃

野核桃分布于江苏、江西、浙江、四川、贵州、甘肃等地，垂直分布在海拔 800～2 000 米。

落叶乔木或小乔木，树高 5～20 米。树冠广圆形，小枝有腺毛。奇数羽状复叶，小叶 9～17 片。叶缘细锯齿，叶表面有稀疏的茸毛，背面浅绿色，密生腺毛。雌花序有 6～10 朵小花串生。果实卵圆形，先端急尖，表面黄绿色，有腺毛。坚果卵圆形，壳坚厚，有 6～8 条棱脊，内隔膜骨质，极难取仁。

（四）心形核桃

心形核桃又名姬核桃。此种与吉宝核桃在形态上比较相似，主要区别在果实。果实扁心形，较小，光滑，先端突尖，缝合线两端较宽，另外两侧较窄；坚果中间非缝合线的地方，有一条纵凹沟。壳虽坚厚，但无内隔壁，缝合线处易开裂，可取整仁，出仁率35% 左右。

该种原产日本，20 世纪 30 年代引入我国。目前，在我国辽宁、吉林、山东、内蒙古等地有栽培。

（五）吉宝核桃

吉宝核桃原产日本，20 世纪 30 年代引入我国。在辽宁、吉林、山东、山西等地有栽植。又叫鬼核桃、日本核桃。

落叶乔木，高 20～25 米。树干皮灰褐色或暗灰色，老树浅纵裂。枝条黄褐色，密被细腺毛，皮孔白色，稍隆起，长圆形。顶芽大，圆锥形，侧芽卵圆形，密被淡褐色短柔毛。奇数羽状复叶，小叶 9～19 片，先端尖，基部楔形，叶缘具锐细锯齿；复叶总柄密生腺毛，小叶无柄。雄花序无柄下垂，雌花序有柄穗状，着生 5～20 朵雌花。坚果具 8 条明显的棱脊，缝合线凸出，壳坚厚，内隔膜骨质，取仁较难。

（六）铁核桃

铁核桃又叫泡核桃、漾濞核桃等。主要分布于云南、西藏东南部、四川南部、贵州等地，极端最低气温 –2℃，在北方地区不能越冬。

落叶乔木，树高 10～20 米，寿命可达百年以上。树干皮灰褐色至暗褐色，有纵裂。新枝浅绿色、光滑，具白色皮孔。奇数羽状复叶，互生。雌花序顶生，小花 2～4 朵簇生。果实圆形，黄绿色，表面披茸毛，内有种子 1 枚。外种皮骨质称为果壳，表面具刻点状，果壳有厚薄之分。

铁核桃做砧木亲和力强，生长势强，但抗寒性差，比较适应亚热带气候，是我国云南、贵州、四川等省份栽培中常用的砧木。

（七）核桃

核桃国内外栽培比较广泛，在我国主要分布于北方山区。

落叶乔木，树高一般 10～20 米，寿命可达 500 多年。树冠大而开张，圆头或半圆形。树干皮灰白色、光滑，有浅纵裂。枝条粗壮，新枝绿褐色，具白色皮孔。雌雄花同株、异花，混合芽圆形或阔三角形，营养芽为三角形，雄花芽为裸芽，圆柱形，呈鳞片状。奇数羽状复叶，互生。果实为核果，圆形或长圆形，果皮肉质，表面光滑或具茸毛，绿色，果皮内有种子 1 枚，外种皮骨质称为果壳，表面具刻沟或皱纹。

核桃可以做砧木，亲和力强，实生苗变异大，不抗盐碱、水淹，不抗根腐病、线虫病，是我国北方核桃栽培的常用砧木。

二、主要优良品种

核桃是胡桃科核桃属树木，在核桃属中主要栽培有核桃和铁核桃 2 个种，除核桃和铁核桃外，该属中的黑核桃、野核桃，以及山核桃属的美国山核桃等树种，也应引起核桃种植者的关注和重视。

核桃在黄河流域及以北地区栽培，长期栽培培育了许多品种，分早实和晚实两大类。早实核桃原产地主要在新疆，各品种基本上都有新疆核桃的基因，其主要特点是栽植 1～2 年即可见果，但抗病性较弱。主要品种有辽核 1 号、香玲、元丰、鲁光、丰辉、绿波、中林五号等。晚实核桃栽植 5～6 年后才开始挂果，但抗病性较强，主要品种有礼品一号、礼品二号、清香、晋龙 1 号、晋龙 2 号等。

（一）早实核桃品种

1. 辽核 1 号　由辽宁省经济林研究所人工杂交选育而成，1989 年通过部级鉴定。1 年生嫁接苗定植 2～3 年后开始挂果。坚果圆球形，壳面较光滑，缝合线较紧密。坚果三径平均值 3.4 厘米，平均单果重 10 克。核壳厚 0.9 毫米左右，内隔壁膜质或退化，可取整仁，出仁率 56%～60%，核仁黄白色，饱满。植株树势健壮，树姿直立，分枝力强，果枝率 90% 左右，侧芽果枝率可达 100%，每果枝平均坐果 1.3 个，连续丰产性强。在辽宁大连地区，4 月中旬萌芽，5 月上旬雄花散粉，5 月中旬雌花盛期，属雄先型品种。在果园若适量配置辽核五号或中林五号植株作授粉树可提高受精率，增加结实量。

2. 香玲 由山东省果树研究所 1978 年经人工杂交选育而成，1989 年通过部级鉴定。1 年生嫁接苗栽培 2～3 年即挂果。坚果长椭圆形，单果重 9.5～15.4 克。核壳厚 0.9 毫米左右，壳面较光滑，缝合线平，不易开裂，出仁率 53%～61.2%，可取整仁，核仁饱满。核仁含油率 65.58%，风味香甜。植株分枝力强，树势中庸，果枝率达 85.7%，侧芽果枝率 88.9%，以中短果枝为主，每果枝平均坐果 1.3 个，丰产性好。在山东泰安地区，3 月下旬萌芽，4 月中旬雄花散粉，4 月下旬为雌花盛期，属雄先型品种。该品种对核桃黑斑病、核桃炭疽病有一定的抗性。适宜土层较深厚的立地条件栽培。

3. 鲁光 由山东省果树研究所 1978 年人工杂交选育而成，1989 年通过部级鉴定。1 年生嫁接苗定植 2～3 年即挂果。坚果近长圆球形，平均单果重 16.7 克，壳面光滑美观，商品性状好，缝合线紧密。核壳厚 0.8～1 毫米，可取整仁，内种皮黄色，核仁饱满，出仁率 56.2%～62%，含油率 66.38%。植株树势较强，树姿开张，分枝力强，果枝率 81.8%，侧芽果枝率 80.8%，以长果枝为主，每果枝平均坐果 1.3 个。丰产性强。在山东泰安地区，3 月下旬萌芽，4 月上中旬雄花散粉，4 月下旬雌花盛期，属雄先型品种。对核桃黑斑病、炭疽病有一定的抗性。适宜土层深厚的山地、丘陵栽培。

4. 元丰 由山东省果树研究所从新疆早实核桃实生苗中选出。早实，雄先型，单果重 11.1～12.8 克，壳厚 1.3 毫米左右，出仁率 46.25%～50.5%，仁含脂肪 68.66%、蛋白质 19.27%。丰产，抗病。

5. 绿波 由河南省林业科学研究所从引种的新疆早实核桃实生树中选出，1989 年通过部级鉴定。1 年生嫁接苗定植后 2～3 年开始挂果。坚果卵圆形，三径平均值 3.6 厘米，平均单果重 12 克，壳面较光滑，缝合线略突起，不易开裂。核壳厚 1 毫米左右。可取整仁，核仁淡黄色，出仁率 54%～58.4%。植株树势中强，树姿开张，分枝能力强，枝条粗壮，果枝率86%，每果枝平均坐果1.6个，连续结实能力强。在河南省禹州，3月下旬至4月上旬萌芽，4月中旬雌花盛期，4月下旬雄花散粉，属雌先型品种。可进行密、早、丰栽培。

6. 岱香　坚果圆形，浅黄色，果基圆，果顶微尖，平均单果重13.9克。壳面较光滑，缝合线紧密，稍凸，不易开裂，内褶壁膜质，纵隔不发达，易取整仁，出仁率58.9%。内种皮颜色浅，核仁饱满，黄色，香味浓，无涩味，综合品质优良。树姿开张，树冠圆头形，树势强健，树冠密集紧凑，侧花芽比率95%，多双果和三果。嫁接苗定植后，第一年开花，第二年开始结果。在土层深厚的平原地，树体生长快，产量高。

7. 岱辉　坚果圆形，平均单果重13.5克，壳面光滑，缝合线紧而平，壳厚0.9毫米左右，可取整仁，出仁率58.5%。核仁饱满，味香不涩，品质优良。树势强健，树冠密集紧凑，侧花芽比率96.2%，多双果和三果。嫁接苗定植后，第一年开花，第二年开始结果。雄先型。在土层深厚的平原地，产量高。

8. 丰辉　坚果长圆形，单果重12.2克左右。壳面刻沟较浅，较光滑，浅黄色，缝合线窄而平，结合紧密，内褶壁退化，壳厚0.9毫米左右，易取整仁，出仁率66.2%。核仁充实、饱满，味香而不涩。树势中庸，分枝力较强，侧生混合芽比率为88.9%左右。嫁接后第二年结果，坐果率70%左右。产量高，大小年结果现象不明显。雄先型。适宜在土层深厚、有灌溉条件的地区栽植。

9. 鲁丰　坚果近圆形，果顶稍尖，平均单果重13克。壳面多浅坑沟，不很光滑，缝合线窄，稍隆起，结合紧密，内褶壁退化，横隔膜膜质，壳厚1毫米左右，可取整仁，出仁率62%。核仁充实饱满，色浅，味香甜，无涩味。树姿直立，树势中庸，树冠呈半圆形。发枝力较强，侧生混合芽比率为86%，坐果率80%。雄花量极少，雄先型。丰产性强。适宜在土层深厚的山区丘陵地栽培。

10. 鲁香 坚果倒卵圆形，平均单果重 12 克。壳面多浅沟，较光滑，缝合线窄而平，结合紧密，壳厚 1.1 毫米左右，可取整仁，出仁率 66.5%。有奶油香味，无涩味，品质上等。树势中等，树冠半圆形，分枝力强，侧生花芽。嫁接后第二年开始结果。雄先型。较丰产，嫁接成活率较高，适宜在土层深厚的地区发展。

11. 岱丰 坚果长椭圆形，平均单果重 14.5 克。壳面较光滑，缝合线较平，结合紧密，壳厚约 1 毫米，可取整仁，出仁率 58.5%。核仁充实、饱满、色浅、味香无涩味，坚果品质上等。雄先型。分枝力强，侧生花芽比率为 81%，大小年现象不明显。

12. 辽核 6 号 坚果椭圆形，果基圆形，顶部略细、微尖，平均单果重 12.4 克。壳面粗糙，颜色较深，为红褐色，缝合线平或微隆起，结合紧密，内褶壁膜质，横隔窄或退化，壳厚 1 毫米左右，可取整仁，出仁率 58.9%，核仁黄褐色。树势较强，树姿半开张，分枝力强。坐果率 60% 以上，多双果，丰产性强，大小年结果现象不明显。雌先型。嫁接后第二年结果。较抗病，耐寒。适宜在我国北方核桃栽培区种植。

13. 中林一号 坚果圆形，果基圆，果面扁圆，平均单果重 14 克，壳面粗糙，缝合线中等宽、凸起，结合紧密，壳厚 1 毫米左右，可取整仁或 1/2 仁，出仁率 54%。核仁色浅至中色，味香不涩，品质中等。树势较强，分枝力强，侧生混合芽比率在 90% 以上。雌先型。生长势较强，生长迅速，较易嫁接繁殖。嫁接后第二年结果。可在华北、华中及西北地区栽培。

14. 新早丰 坚果椭圆形，果基圆，果顶渐小突尖，平均单果重 13 克。壳面光滑，缝合线平，结合紧密，壳厚 1.2 毫米，可取整仁，出仁率 51%。核仁色浅，味香。树势中等，发枝力极强，侧生混合芽比率 95% 以上。雄先型。树势中庸，嫁接苗第二年开始结果，早期丰产性好，宜在肥水条件较好的地区栽培。

15. 陕核 1 号 坚果圆形，平均单果重 12 克。壳面光滑，色较浅，缝合线窄而平，结合紧密，易取整仁，出仁率60%。核仁乳黄色，风味优良。树势较旺盛，树姿较开张。侧芽混合花芽的比例为70%。雄先型。适应性强，早期丰产，抗病性强，适宜作仁用品种和授粉品种。

16. 扎343 坚果卵圆形，平均单果重16.4克。壳面光滑，色浅，缝合线窄而平，结合紧密，易取整仁，出仁率54%。核仁乳黄色至浅琥珀色，风味优良。雄先型。树势旺盛，树姿开张，小枝较细，节间中等。适应性强，抗病性强，花粉量大，可作雌先型品种的授粉树种。

（二）晚实核桃品种

1. 礼品一号 由辽宁省经济林研究所从新疆核桃优良单株A2号实生后代中选出，1995年通过省级鉴定。树势中庸，树姿半开张。长果枝类型，果枝率58.4%。坚果长阔圆形。果形整齐，壳面光滑美观。缝合线平，但不够紧密。三径平均值3.6厘米，平均单果重10.5克。壳厚0.6毫米，内隔壁退化，取仁极易，可取整仁，种仁饱满，出仁率67.3%，核仁黄白色。雄先型。

2. 礼品二号 由辽宁省经济林研究所从新疆核桃优良单株A2号实生后代中选出，1995年通过省级鉴定。树势中庸，树姿开张。中短果枝类型，果枝率60%。坚果长圆形，壳面刻点大而浅，较光滑，缝合线平而紧密，三径平均值4厘米，平均单果重13.3克。壳厚0.54毫米，内隔壁退化，取仁极易，可取整仁，出仁率70.3%。雌先型。可为礼品一号的授粉树。

3. 清香 是20世纪80年代初日本核桃专家赠送给河北农业大学的核桃优良品种。树势中庸，树姿半开张，枝条粗壮，果枝率37.39%，有侧花芽结果。坚果近圆锥形，壳皮光滑、淡褐色，外形美观，果个较大，单果重13～16克。种仁饱满，内褶壁退化，取仁容易，出仁率52%～53%。仁色浅黄，风味极佳。抗病性极强。雄先型。

4. 晋龙1号 坚果圆形，平均单果重14.8克。壳面较光滑，有浅麻点，色浅，缝合线窄而平，结合较紧密，易取整仁，出仁率60%。核仁乳黄色，风味优良。雄先型。树势中等，树姿较开张，发芽较晚。嫁接树第三年开始结果。适应性强，抗霜冻，抗病性强，早期丰产。适宜在黄土地区栽培。

5. 晋龙2号 坚果圆形，平均单果重15.9克。壳面光滑，色浅，缝合线窄而平，结合紧密，易取整仁，出仁率56%。核仁乳黄色，风味优良。雄先型。树势旺盛，树姿较开张。嫁接树第三年开始结果。适应性强，抗霜冻，抗病性强，早期丰产。适宜在黄土地区栽培。

6. 北京746 坚果近圆形，平均单果重12克。壳面较光滑，壳厚1.1毫米左右，取仁容易，出仁率53%。核仁色浅，品质上等。树势中庸，树姿半开张，树冠紧凑，果枝率62%。雄先型。易丰产。适应性强，抗寒、抗病，耐旱力强，适于密植。

7. 西洛2号 树势中庸，树姿早期较直立，以后多开张，分枝力中等。雄先型，晚熟品种。核仁充实饱满，乳黄色，味香甜，易取仁。该品种有较强的抗旱、抗病性，耐瘠薄土壤。坚果外形美观。在不同立地条件下均表现丰产，适宜于秦巴山区、西北、华北地区栽培。

8. 西洛3号 植株长势旺，树姿较直立，树冠圆头形，分枝力中等。核仁充实饱满，仁色中，风味甜香，品质中上等，易取整仁。该品种抗寒、耐旱、抗病性强。尤耐瘠薄土壤，丰产性能好，对栽培条件要求不甚严格，适宜在丘陵山区发展。

第四章
育苗技术

一、砧木苗

砧木苗是指利用种子繁育而成的实生苗，砧木的质量和数量直接影响嫁接苗成活率及建园后的经济效益。

（一）常用砧木

1. 核桃 也称共砧或本砧，具有嫁接亲和力强、成活率高、接口愈合牢固、生长结果良好等优点。但实生后代易发生分离，苗木的整齐度差，并在出苗、长势、抗逆性与接穗亲和力等方面存在差异，因此应注意种子来源尽可能一致。

2. 铁核桃 铁核桃的野生类型也叫夹核桃、坚核桃等，主要分布在我国西南各地，是泡核桃、娘青核桃、三台核桃、大自壳核桃、细香核桃等优良品种的良好砧木，具有适应性强、抗寒、耐瘠薄、抗干旱能力强等特性，与接穗亲和力强，嫁接成活率高，愈合良好。在云南、贵州等地应用较多，且历史悠久。

3. 野核桃 主要分布在江苏、江西、浙江、湖北、四川、贵州、云南、甘肃、陕西等地，常见于湿润的杂木林中，垂直分布海拔高度为 800～2 000 米。果个小，壳硬，出仁率低。主要用作核桃砧木，适于丘陵和山地。

4. 核桃楸 核桃楸根系庞大，直根入土很深，抗旱、耐涝力强，抗寒力极强。在哈尔滨地区可耐 –42℃的低温，在河北兴隆、天津蓟县一带常用作核桃砧木。当用作砧木时，嫁接成活率不如核桃本砧高，大树高接部位过高时易出现"小脚"现象。

5. 枫杨 抗涝，耐瘠薄，适应性强，但嫁接成活后的保存率较低，可在潮湿的环境条件下选用。

此外，心形核桃、吉宝核桃等也可作为砧木。

（二）采　种

先选择生长健壮、无病虫害、种仁饱满的壮龄树（30～50年生）为采种母树。当坚果达形态成熟，青皮由绿变黄并开裂时即可采收。此时的种子内部生理活动微弱，含水量少，发育充实，最宜贮存。若采收过早，胚发育不完全，贮藏养分不足，晒干后种仁干瘪，发芽率低，即使发芽出苗，生活力弱，也难成壮苗。一般在 9 月底成熟，作种子的应比商品核桃晚收 3～5 天，特别是核桃种子的成熟度对种子的发芽率影响较大。实践表明，9 月底采的发芽率能达 80% 左右，9 月中旬则为 60%～70%，9月上旬只达 20%～30%。

（三）种子贮藏

核桃种子无后熟期，秋播的种子在采收后 1 个多月就可播种，有的带青皮播种，晾晒也不需干透。而春播的种子贮藏时间则较长。多数地区以春播为主，贮藏时应注意保持低温（5℃左右）、低湿（空气相对湿度 50%～60%）和适当通气，以保证种子经贮藏后仍有正常的生活力。核桃种子的贮藏方法主要是室内干藏法，其中分普通干藏法和密封干藏法 2 种。前者是将秋采的干燥种子装入袋、缸等容器内，放在经过消毒的低温、干燥、通风的室内或地窖内。种子少时可以袋装吊在屋内，既防鼠害，又可通风散热。种子如需过夏贮藏时要用密封干藏法，即将种子装入双层塑料袋内，并放入干燥剂密封，然后放进可控温、控湿、通风的种子库或贮藏室内。

除室内干藏法外，也可采用室外湿沙贮藏法。即选择排水良好、背风向阳、无鼠害的地方，挖贮藏坑，一般坑深 0.7～1 米、宽 1～1.5 米，长依种子量而定。贮藏前，种子应进行水（或盐水）选择，将漂浮于水上种仁不饱满的种子弃除，将浸泡 2～3 天的饱满种子取出，沙藏。先在坑底铺一层湿沙（手握团不滴水为度），厚约 10 厘米，其上放一层核桃，然后用湿沙填空隙，厚约 10 厘米，依次分层铺放，直到距坑口 20 厘米处，再用湿沙覆盖与坑口取平，上面用土培成屋脊形，同时于贮藏坑四周开出排水沟，以免积水侵入坑内，造成种子霉烂。为保证贮藏坑内空气流通，应于坑的中间（坑长时每隔 2 米）竖一草把，直达坑底。坑上覆土厚度可依当地气温高低而定。早春应注意检查坑内种子状况，勿使霉烂。

（四）苗圃选择与整地

1. 苗圃选择　选择苗圃地是育苗成败的基础。苗圃地应选择在地势平坦、土壤肥沃、土质疏松、背风向阳、排水良好、有灌溉条件且交通方便的地方。一般不用重茬地，核桃对重茬要求不太严格，经过对土壤药剂杀菌，也可重茬。如繁育嫁接苗，最好靠近或提前建立采穗圃。

2. 圃地整理　圃地的整理是保证苗木生长和质量的重要环节。整地主要是指对土壤进行深翻耕作，耙耱整平。通过整地可增加土壤的通气性、通水性，并有蓄水保墒、翻埋杂草残茬、混拌肥料及消灭病虫害等作用。由于核桃幼苗的主根很深，深耕有利于幼苗根系的生长。翻耕深度应因时、因地制宜。秋耕宜深（20～25 厘米）、春耕宜浅（15～20 厘米）；干旱地区宜深，多雨地区宜浅；土层厚时宜深，河滩地可浅；移植苗宜深（25～30 厘米），播种苗可浅。北方宜在秋季深耕并结合施肥及灌封冻水。一般每 667 米^2 施农家肥 3 000 千克，追施尿素 50 千克，或每 667 米 ^{2} 施磷酸氢二铵 100 千克，追施尿素 30 千克，同时加入辛硫磷颗粒剂防治虫害，喷洒多菌灵进行灭菌。

春播前必须灌 1 次水，以保证墒情。出苗期不能浇灌，以免土壤板结影响幼苗生长。圃地整好后，为了提高出苗率，可以加铺地膜进行保墒。地膜育苗出苗整齐，出苗率高，但操作比较麻烦，费时费工。覆膜时采用宽 70 厘米的地膜，膜间距 50 厘米即可。

（五）种子播前处理

秋播种子不需任何处理，可直接播种。春季播种时，播种前应先进行浸种处理，以确保发芽。可用冷水浸种、冷浸日晒、温水浸种、开水浸种、石灰水浸种等方法。

1. 冷水浸种　用冷水浸泡种子 7～10 天，每天换水 1 次，或将装有核桃种子的麻袋放在流水中浸泡，当大部分种子膨胀裂口时，即可播种。

2. 冷浸日晒　将种子夜间浸泡在冷水中，白天取出放在阳光下暴晒，浸泡后的种子因吸水膨胀，一经暴晒，多数种子开裂，将裂口的种子拣出来即可播种。这是一种比较常用的办法。

3. 温水浸种　将种子放在 80℃ 温水缸中，然后搅拌，使其自然降温后，再浸泡 8～10 天，需每天换水，种子膨大裂口时即可播种。

4. 开水浸种　当种子未经沙藏急需播种时，可将种子放在缸内，然后倒入种子量 1.5～2 倍的沸水，随倒随搅拌，使水面浸没种子，这时种壳不断爆裂，要不停搅动，5 分钟后捞出种子即可播种，也可搅到水温不烫手时即加入凉水，浸泡 1 昼夜，再捞出播种。此法还可同时杀死种子表面的病原菌。多用于中厚壳核桃种子，薄壳核桃不能用开水浸种。

5. 石灰水浸种 将种子浸泡在石灰水溶液中（每50千克种子用1.5千克生石灰和10升水），不需换水，浸泡7～8天，然后捞出暴晒几小时，待种子裂口时，即可播种。

（六）播 种

1. 播种时期 可分为秋播和春播。秋播宜在土壤结冻前进行（一般在10月下旬至11月下旬）。应注意秋播不宜过早或过晚，早播气温高，种子在湿土中易发芽或霉烂，且易受牲畜鸟兽盗食；晚播土壤结冻，操作困难。秋播的优点是不必进行种子处理，春季出苗整齐，苗木生长健壮。但秋播只适于南方，北方地区因冬季严寒和鸟兽危害较重不宜秋播。春播宜在土壤解冻之后马上进行（3月下旬至4月初），春播的缺点是播种期短，田间作业紧迫。若延迟播种则气候干燥，蒸发量大，不易保持土壤湿度；同时，生长期短，生长量小，会降低苗木质量。一般买的种子成熟度较差，不适合秋播，易发霉、腐烂。

2. 播种方法 多为点播。播种前苗圃地要整地施肥，整地要精细。育苗时多先做成1米宽的苗床，覆膜的苗床上可以点播2行，行距20～30厘米、株距10～15厘米。垄作时一般每垄背中间播1行，株距10～15厘米，宽垄可播2行。播种时先用打坑器按株、行距要求点式打坑，然后浇水，待水充分下渗后播种，播种时种子的放置方法是种子缝合线与地面垂直，种尖向一侧摆放，这样出苗最好。深度是核桃直径的2～3倍。播后覆土厚9～12厘米，遵循秋深春浅、旱深涝浅的原则。不覆膜的可用犁开沟播种，注意要预留宽窄行，以便进行嫁接。

3. 播种量 播种量因株、行距和种子大小及质量不同而异。若按苗床宽1米、每床2行、株距10厘米计算，每667米^{2}需大粒种子（60粒/千克）300千克，或中小粒种子（100粒/千克）180千克。如株距15厘米，每667米^{2}则需大粒种子200千克，或中小粒种子120千克，可产苗7 000～10 000株。

（七）苗期管理

核桃播种（春播）后 20 天左右开始发芽出苗，40 天左右出齐。要培育健壮的砧木苗，必须加强苗期的田间管理工作。

1. 补苗　当苗木大量出土时，应及时检查，若发现缺苗严重，应及时补苗，以保证单位面积的成苗数量。补苗的方法可用水浸催芽的种子重新点播，也可将边行或多余的幼苗带土移栽。

2. 施肥灌水　在核桃苗木出齐前不需灌水，以免造成地面板结。若墒情过差时，可及时灌水，并视具体情况进行除草松土。当苗出齐后，为了加快生长，应及时灌水。5～6 月份是苗木生长的关键时期，一般要视墒情灌水 2～3 次，并结合灌水追施速效氮肥 2 次，每次每 667 米^2 施尿素 20 千克左右。7～8 月份雨量较多，可根据雨情决定灌水与否，并适当追施磷、钾肥 2 次。9～10 月份一般灌水 2～3 次，特别要保证灌上最后一次封冻水。此外，幼苗生长期间还可以进行根外追肥，用 0.3% 尿素或磷酸二氢钾液喷布叶面，每 7～10 天 1 次。雨水多的地区或季节要注意排水，以防幼苗晚秋徒长或烂根死亡。

3. 中耕除草　及时中耕可以疏松表土，减少蒸发，防止地表板结，促进气体交换，提高土壤中有效养分的利用率，给土壤微生物活动创造有利的条件。幼苗前期，中耕深度为 2～4 厘米，后期可逐步加深至 8～10 厘米，中耕次数可视具体情况进行 2～4 次。

苗圃的杂草生长快，繁殖力强，与幼苗争夺水分和养分，有些杂草还是病虫的媒介和寄生场所，因此苗圃地必须及时除草和中耕。中耕除草应与追肥灌水结合进行，除在杂草旺长季节进行几次专项中耕除草外，每次追肥后必须灌水，并及时中耕和消灭杂草。

4. 防止日灼　幼苗出土后，如遇高温暴晒，其嫩茎先端往往容易焦枯，即日灼，俗称"烧芽"。为了防止日灼，除注意播前的整地质量外，播后还可在地面覆草，这样可降低地温，减缓蒸发，也能增强苗势。

5. 防治病虫害 核桃苗木的病害主要是黑斑病、炭疽病、苗木菌核性根腐病、苗木根腐病等。其防治方法除在播种前进行土壤消毒和深翻外，对苗木菌核性根腐病和苗木根腐病可用 10% 硫酸铜或 70% 甲基硫菌灵可湿性粉剂 1 000 倍液浇灌根部。对黑斑病、炭疽病、白粉病等，在发病前每隔 10～15 天喷等量式波尔多液 200 倍，共喷 2～3 次；发病时喷 70% 甲基硫菌灵可湿性粉剂 800 倍液，防治效果良好。

核桃苗木的虫害主要有象鼻虫、刺蛾、金龟子、浮尘子等。对此，应选择适宜时期喷布 90% 晶体敌百虫 1 000 倍液，或 2.5% 溴氰菊酯乳油 5 000 倍液，或 80% 敌敌畏乳油 1 000 倍液，或 50% 杀螟硫磷乳油 2 000 倍液等，都可取得良好效果。

6. 越冬防寒 多数地区核桃苗不需防寒，但在冬季经常出现 -20℃ 以下的低温地区，则需做好苗木的保护工作，其方法是将苗木就地弯倒，然后用土埋好即可。也可先平茬后埋土，效果也挺好。

7. 苗木移植 在北方寒冷地区，为了有利于苗木越冬，往往在结冻前将苗木全部挖出假植，翌年春季解冻后再栽植经过移植的苗木。切断主根有利于侧根或须根的生长，定植后缓苗较快，成活率高。挖苗时应注意保护根系，要求在起苗前 1 周灌 1 次透水，使苗木吸足水分，以便于挖掘。1 年生苗主根长度不应小于 15～20 厘米，2 年生苗主根要在 30 厘米以上，侧根要完整。若主根过短，侧根损伤过多，移栽则不易成活。苗木出土后，可对受损伤根系进行修剪，以刺激新根形成。

二、嫁接苗

我国过去主要采用实生育苗，后代分离严重，良莠不齐。随着核桃嫁接技术的不断成熟，我们应推广良种嫁接苗栽培。

（一）砧木选择

选择砧木应根据不同栽培区域的生态条件和当地生产情况，确定合适的砧木类型。实践证明，我国北方采用核桃本砧或核桃楸效果较好；南方则以野核桃和铁核桃为宜。砧木苗应为 1～2 年生树，基径在 10 厘米以上。高接改优时砧木树龄可较大些（一般不超过 30 年生），嫁接部位砧桩多是侧枝或副侧枝，砧桩横断面直径宜在 8 厘米以下。

（二）接穗选择

选择接穗前首先应选好采穗母树。采穗母本树应为生长健壮、无病虫害的良种树。也可建立专门的采穗圃，采穗圃内的核桃树应是优良品种或品系的嫁接树或高接树。由于接穗的质量直接关系嫁接成活率的高低，所以应加强对采穗母树或采穗圃的综合管理。

合格的接穗条标准：枝接接穗条为长 1 米左右、粗 1～1.5 厘米的发育枝或徒长枝，枝条要求生长健壮，发育充实，髓心较小，无病虫害。在 1 年生接穗条缺乏的情况下，也可用强壮的结果母枝或基部带 2 年生枝段的结果母枝，但成活率较低。枝接所用接穗条应是木质化较好的当年发育枝，幼嫩新梢不宜作接穗条，所采接芽应成熟饱满。

（三）接穗的采集、处理与贮运

1. 接穗的采集 采集接穗的时期因嫁接方法的不同而不同。枝接的接穗采集时间，从核桃落叶后直至芽萌动前（整个休眠期）都可进行，但因各个地区气候条件不同，采穗的具体时间也有所不同。北方核桃抽条现象严重（特别是幼树）和冬季或早春枝条易受冻害的地区，均宜在秋末冬初采集，此时采的接穗只要贮藏条件好，防止枝条失水或受冻，均可保证嫁接成活率。采穗母树为成龄树时，可在春季芽萌动之前采穗，此时可随采随用或短期贮藏，接穗的水分充足，芽处于即将萌动状态，嫁接成活率显著提高。芽接所用接穗，多为夏季随采随用或短暂贮藏。贮藏时间越长，成活率越低，一般贮藏期不宜超过 5 天。

采穗时宜用手剪或高枝剪，忌用镰刀削。剪口要平，不要呈斜茬。采后将穗条根据长短和粗细分级，每捆 30～50 根，打捆时穗条基部要对齐，先在基部捆 1 道，再在上部捆 1 道，然后剪去顶部过长、弯曲或不成熟的顶梢，有条件的最好用蜡封剪口，以防失水。最后用标签标明品种。芽接用的接穗，从树上剪下后要立即去掉复叶，留 2 厘米左右长的叶柄，每 20 根或 30 根打成 1 捆，标明品种，打捆时要防止叶柄蹭伤幼嫩的表皮。

2. 接穗的处理　接穗的处理主要包括剪截和蜡封。一般需在嫁接前进行。接穗剪截的长度因嫁接方法而异，室内嫁接所用接穗长 13 厘米左右，有 1～2 个饱满芽；室外枝接长 16 厘米左右，有 2～3 个饱满芽。无论哪种接穗都要特别注意上部第一个芽的质量，一定要完整、饱满、无病虫害，以中等大小为好。上部第一个芽距离剪口 1 厘米左右。发育枝先端部分一般不充实，木质疏松，髓心大，芽体虽大但质量差，不宜作接穗用。

接穗蜡封能有效地防止水分散发，且节省其他保湿材料，简便易行，嫁接成活率大大提高。蜡封时间一般应在嫁接前 15 天以内进行，效果最佳。蜡封方法是嫁接前将采集的接穗用清水冲洗净晾干，把石蜡放入容器（铝锅、烧杯等）内，可先在容器底部加少量水，然后用电或煤火等加热，使蜡液保持在 90℃～100℃。将剪成段的接穗一头在蜡液中迅速蘸一下，甩掉表面多余的蜡液，再蘸另一头，使整个接穗表面包被一层薄而透明的蜡膜。蜡封时要注意以下几点：一是蘸蜡前一定要将接穗条洗净晾干，否则，接穗条表面的灰尘、沙粒和水分会影响蜡液的黏附力。二是蜡液温度要控制在 95℃～100℃，温度过低（低于 80℃），蜡液变黏稠，蘸后蜡膜过厚发白，浪费蜡，而且在存放和运输中稍一撞动，蜡膜容易脱落。蜡温过高（高于 120℃），容易烫伤穗条表皮和芽。一般只要适时补充熔蜡容器下层的水（5 厘米深），蜡水比例适当，蜡液的最高温度就可控制在 98℃左右。三是蘸蜡要迅速（1～2 秒），一蘸即取，不能重复蘸蜡。接穗在蜡液中超过 2 秒钟，生命力就会下降。凡因蜡液温度过高或蘸蜡时间太长而烫伤的穗条要及时剔除。蜡封好的接穗应当是蜡膜层薄，表面着蜡均匀且无遗漏，能透过蜡膜看到接穗的正常颜色。

3. 接穗的贮运 枝接所用的接穗最好在气温较低的晚秋或早春运输，高温天气易造成霉烂或失水。严冬运输接穗时，应注意防冻。接穗运输前，先用塑料薄膜包好密封，远途运输时塑料包内要放些湿锯末或苔藓。铁路运输时，需将包好的接穗装入木箱、纸箱或麻袋内。

接穗就地贮藏过冬时，可在阴暗处挖宽 1.2 米、深 80 厘米的沟，长度按接穗的多少而定，然后将标明品种的成捆放入沟内（若放多层，中间应加 10 厘米左右厚的湿沙或湿土），接穗上盖湿沙或湿土，厚约 20 厘米，土壤将结冻时加厚至 40 厘米。如在土壤解冻前使用接穗，上面还要加盖草苫或玉米秸。当春季气温升高时，需将接穗转移至温度较低的地方，如土窖、窑洞、冷库等。核桃接穗贮藏的最适温度为 0℃～5℃，最高不能超过 8℃，放在冷库和冰箱的接穗，应避免停电升温或过度降温，否则会严重影响嫁接成活率。

芽接所用的接穗，由于当时气温很高，保鲜非常重要，否则会大大降低嫁接成活率。采下接穗后，要用塑料薄膜包好，但应注意通气，不可密封，里面放些苔藓或湿锯末等，运到嫁接地时，要及时打开薄膜，置于潮湿阴凉处，并经常洒水保湿。

（四）嫁接方法

1. 嫁接时期 核桃的嫁接时期因地区和气候条件不同而异。

各地应根据当地实际情况来决定具体的嫁接时期。一般来说，室外枝接的适宜时期是从砧木发芽至展叶期，此时生长开始加快，砧、穗易离皮，伤流液较少或没有伤流，有利于愈伤组织形成和成活。北方多在 3 月下旬至 4 月下旬，南方则在 2～3 月份。北方地区芽接时间多在 6 月份至 8 月中旬进行，其中以 6 月下旬至 7 月上旬为最好。

2. 嫁接方法

（1）**枝接**　枝接方法又可分为劈接、插皮舌接、插皮接、舌接等。

①劈接　适于树龄较大、苗木较粗的砧木，是过去应用最为普遍的一种嫁接方法。操作要点是选用 2～4 年生、直径 3 厘米以上的砧木，于地面上 10 厘米处锯断砧干，削平锯口，用刀在砧木中间垂直劈入，深约 5 厘米，接穗两侧各削一对称的斜面，长 4～5 厘米，然后迅速将接穗削面插入砧木劈口中，使接穗削面露出少许，并使砧、穗两者形成层紧密对合。如接穗较砧木细，就使一侧形成层对齐，然后用塑料条绑严，保持接口湿度，以利愈合。

②插皮舌接　操作方法是选适当位置锯断（或剪去）砧木树干，削平锯口，然后选砧木光滑处，从上至下削去老皮，长 5～7 厘米，宽 1 厘米左右，露出皮层。蜡封接穗则削成长 6～8 厘米的大削面（注意刀口一开始就要向下切凹，并超过髓心，然后斜削，保证整个斜面较薄），用手指捏开削面背后皮层，使之与木质部分离，然后将接穗的皮层盖在砧木皮层的削面上，最后用塑料条绑紧接口。此法由于需要将皮层与木质部分离，故应在皮层容易剥离、伤流液较少时进行。注意接前不要灌水和嫁接前 3～5 天预先锯断砧木放水，以免伤流液过多影响嫁接成活率。此法既可用于苗木嫁接，也可用于大树高接。

③插皮接　又叫皮下接。操作要点是先剪断或锯断砧干，削平锯口，在砧木光滑处，由上向下垂直划一刀，深达木质部，长

约1.5厘米，顺刀口用刀尖向左右挑开皮层，如接穗太粗，不易插入，也可在砧木上切一个3厘米左右、上宽下窄的三角形切口。接穗的削法是先将一侧削成一个大削面（开始先向下切，并超过髓部中心，然后斜削），长6～8厘米；另一侧的削法有2种：一种是在两侧轻轻削去皮层（从大削面背面往下0.5～1厘米处开始），另一种是从大削面背面0.5～1厘米处往下的皮全部切除，露出木质部。前一种削法在插接穗时要在砧木上纵切，深达木质部，将接穗顺刀口插入，接穗内侧露白0.7厘米左右。后一种削法在接穗时不需纵切砧木，直接将接穗的木质部插入砧木的皮层与木质部之间，使二者的皮部相接，然后用塑料条包扎好。

④舌接　操作要点是先将砧木和接穗分别削成长6～8厘米的大斜面，并分别在接穗和砧木削面的1/3处，向下切削2～3厘米，然后将、穗插合在一起，使双方削面紧密镶嵌，形成层对齐。若砧木和接穗的粗度不一致，要使一面的形成层对齐，最后用塑料条将接口包严、捆紧。

⑤腹接　操作要点是选用粗度不小于2～3厘米的砧木，在距地面20～30厘米处与砧木呈20°～30°角向下斜切5～6厘米长的切口（不超过髓心）。接穗一侧削5～6厘米长的大削面，背面削3～4厘米长的小削面。用手轻掰砧木上部，使切口张开，将接穗大斜面朝里插入切口，对准形成层，放手后即可夹紧，在接口以上5厘米处剪断砧木，用塑料条包严、扎紧。

⑥切接　操作要点是剪断砧木后，从断面的一侧在皮层内略带木质部垂直劈入，使切口长度与接穗削面长度一致。接穗的削法是先在一侧削一斜面，长6～8厘米，再在另一侧削一长1厘米左右的小斜面，将大斜面朝里插入砧木劈口，对准形成层，然后用塑料条包严、扎紧。

枝接时注意削面要光滑且长度应大于5厘米，砧、穗的形成层必须相互对准密接。绑缚松紧适度，防止失水。

（2）芽接　核桃芽接方法较多。根据芽片或切口的形状，可分为方块形芽接、"工"字形芽接、环状芽接等。但无论哪种方法，芽片处均应取自当年生长健壮发育枝的中下部，以中等大的芽为最好，砧木以2～3年生经平茬后的当年生枝最为理想，要选在砧木中下部平直光滑、节间稍长的部位嫁接。

①方块形芽接 在5月底至6月上中旬进行。选取芽体发育充实的枝条作为接穗。具体做法是将叶柄从基部削平，在芽上方0.5厘米处横切一刀，深达木质部；在芽下方1.5厘米处横切一刀，深达木质部；在芽右侧刻一竖刀，深达木质部；在芽左侧刻一竖刀，深达木质部；在上一刀口左侧2～3毫米处再刻一竖刀，并与之平行，取下上面形成的一条枝皮。将取下的枝皮放在砧木上，以此作砧木切口上下的标准，平行地横切2刀，深达木质部。在上面两切口的左侧，纵切一刀，将树皮撬开，取下接穗的方块芽片，将芽片放入砧木的切口里，并撕去砧木撬起的树皮，用塑料条包扎。

②"工"字形芽接 将接芽上下各环切一刀，深达木质部，长3～4厘米、宽1.5～2.5厘米，再从接穗背面取下0.3～0.5厘米宽的树皮作为"尺子"，在砧木适当部位量取同样长度，上下各切一刀，宽度达干周的2/3左右，从中间竖着撕去0.3～0.5厘米宽的皮，然后剥开两边的皮层，将芽片四周剥离（仅剩维管束相连），用拇指按住接芽侧面向左推下芽片（带一块护芽肉），将芽片嵌入砧木切口中，用塑料条自上而下包扎严密。

③环状芽接 在接穗上选好接芽后，先在芽上1厘米和芽下1.5～2厘米处各环切一周，深达木质部，然后背面纵切一刀，取下环状芽片。再于砧木适当高度光滑处，环割取下与芽片相同大小的筒状树皮，将芽片迅速镶嵌于砧木切口内，然后绑严。要特别注意勿使芽片左右移动。

要提高芽接成活率应注意选取具有饱满芽新梢作接穗，还要选择嫁接时间，最好在晴天，并要在接后3天内不遇雨，同时增加芽片的大小，最后严密捆绑。

3. 嫁接技术

（1）**芽接育苗** 芽接是目前应用最广泛的育苗方式。在播种的翌年春天萌芽前，将砧木苗平茬，加强土肥水管理，当苗高5厘米时，选最强壮的萌芽保留，其余抹去；在20厘米高时摘心，以增加粗度。于5月下旬至6月下旬采用方块形方法进行嫁接，接后立即在嫁接口以上留一复叶剪砧，确定成活后剪砧，当年即可成苗。

（2）**室内嫁接** 落叶前采集接穗并贮藏于地窖或埋入湿沙中，秋末将砧苗起出，在沟中或窖内假植。在1～3月份采用舌接法进行嫁接，嫁接前10～15天将砧木和接穗放在26℃～30℃条件下进行催醒2～3天。接后放在26℃～30℃湿润介质中促生愈伤组织，一般经10～15天砧木、接穗即可愈合，然后假植在5℃左右的条件下，待春季4～5月份栽植于苗圃地，培育成苗木。或将已愈合成活的苗木移植于塑料棚中或在室内嫁接后直接栽于塑料大棚，控制棚内的温度和湿度，保证嫁接苗愈合成活，随着气温升高，逐渐撤除大棚塑料膜，秋季出圃，可免去移植的损失。

（3）**室外圃地枝接** 砧木为2年生实生苗，接穗用1年生未萌芽的发育枝。嫁接前封蜡，采用劈接、舌接等方法于春季砧树萌芽至展叶期间进行嫁接，接后加强管理，可当年成苗。

（4）**绿枝嫁接** 在5月中旬至6月中旬用半木质化绿枝作接穗，在砧木的当年生枝或2年生枝上劈接，可用于育苗或春季嫁接未成活的补接。

（5）**子苗嫁接** 核桃幼苗出土1周后的嫩茎基部粗度在5毫米左右，此时种子内的胚乳营养丰富，可供给幼苗健壮生长，故用子苗作砧木进行枝接，既有利于愈合成活，又可缩短育苗周期，省工省时，降低成本。

①子苗砧培育 先将种子催芽，待胚根伸出后掐去根尖，并用300毫克/升萘乙酸处理，然后播种。同时，在子苗期控制水

分，实行蹲苗，以加粗根轴。

②采集接穗　接穗可用休眠硬枝，也可用未生根的组培苗。接穗枝应与子苗根颈同粗或略粗一些，但不能过粗。

③嫁接方法　采用劈接法嫁接，如用稍粗的接穗，在插入接口时，要对准一边的形成层，插入后可用嫁接夹固定接口。

④接后管理　接后要立即植于温室锯末床中，保持28℃左右，覆膜或喷雾保湿，促进愈合成活。

4. 嫁接苗的管理　从嫁接至完全愈合及萌芽抽枝需30～40天时间，为保证嫁接苗健壮生长，应加强如下管理。

（1）**避免碰撞**　刚接好的苗木接口不甚牢固，最忌碰撞造成的错位或劈裂。应禁止人、畜进入，管理时应注意勿碰伤苗木。

（2）**检查成活和补接**　芽接后15～20天、硬枝嫁接在接后50～60天、绿枝嫁接在接后15～30天检查成活情况。对于未成活的砧苗，应及时进行补接。

（3）**除萌**　接后20天左右，砧木上易萌发大量幼芽，应及时抹掉，以免影响接芽萌发和生长。

（4）**剪砧**　芽接后在接芽以上留1～2片复叶剪砧，如果嫁接后有降雨可能时，可暂不剪砧，接好5～7天可剪留2～3片复叶。接芽新梢长至20厘米以上时，再从接芽以上20厘米处剪除。

（5）**绑保护支架**　大砧木嫁接时，为了防止风折，用1米长的粗棍，下部固定在砧木上，在接穗长至30多厘米高时，把新梢绑在棍上即可。

（6）**适时解除接口上的绑扎物**　当嫁接部位已经愈合牢固，要及时解除接口上的一切绑扎物。如果解除过晚，易造成嫁接部位的缢伤；解除过早，接口愈合不牢，易造成嫁接树新枝死亡。

（7）**适时摘心**　大砧木嫁接时，为了促进嫁接树多分枝，早成形和保持树冠矮小、紧凑多结果，当新梢30厘米左右时摘心，嫁接当年可摘心2～3次。

（8）**加强管理** 核桃嫁接之后2周内禁忌灌水施肥，当新梢长至10厘米以上时，应及时追肥灌水，也可将追肥、灌水与松土除草结合起来进行。为使苗木充实健壮，秋季应适当控制灌水和施氮肥，适当增施磷、钾肥。8月中旬摘心，可增强木质化程度。此外，苗木在新梢生长期易遭食叶害虫危害，要及时检查，注意防治。

5. 苗木出圃

（1）**起苗** 可在苗木停止生长、树叶脱落时进行，也可在春季土壤解冻后至萌芽前进行。为便于挖苗、少伤根，挖苗前最好灌1次水。起苗可用人工和机械2种方法。在起苗过程中要保持根系完整，主根和侧根的长度至少应保持在20厘米以上。起苗后及时修整，剪平劈裂的根系，剪掉蘖枝及接口上的残桩，剪短过长的副梢等。

（2）**苗木分级和假植**

①苗木分级 苗木分级是保证出圃苗的质量和规格，提高建园时的栽植成活率和整齐度的工作之一。分级时期根据苗木类型而定（表4-1）。

表4-1 嫁接苗的质量等级

项目	一级	二级
苗高（厘米）	>60	30～60
基径（厘米）	>1.2	1.0～1.2
主根长度（厘米）	>20	15～20
侧根数（条）	>15	>15

②假植 起苗后不能及时外运或栽植时，必须对苗木进行假植。在地势高燥、土质疏松、排水良好的地方挖宽、深各1米的假植沟，长度依苗木数量而定。然后分品种把苗木稍倾斜地放入沟内，填入湿沙土，培土深度应达苗高的3/4，当假植沟内土壤

干燥时，应及时洒水，假植完毕后用土埋住苗顶。埋完后灌小水1次，使根系与土壤结合，并增加土壤湿度，防止根部受冻。天气较暖时，可分次向沟内填土，以免一次埋土过深根部受热。

（3）**苗木的包装和运输**　苗木运输时，应对苗木进行包装，以防根系失水和遭受机械损伤。一般每50～100株为1捆，挂好标签，根部填充保湿材料，外用湿草袋或蒲包把苗木的根部及部分茎部包好。运输过程中要防止苗木干燥、发热、发霉和受冻，到达目的地后应立即进行假植。

（五）嫁接苗成活的关键

核桃是较难嫁接成活的树种，其嫁接成活率低且不稳，一直是生产中未能彻底解决的问题。

1. 砧木、接穗质量　砧木、接穗需有较强的生命力，如果其中一方失去生命力或生命力很弱，则难以产生或仅产生很少的愈伤组织。反之，如果砧木、接穗双方质量均好，生理功能强，代谢旺盛，则易产生大量愈伤组织，这样即使嫁接技术稍差，也能获得较高的成活率。因而生产中应注意砧木、接穗双方，尤其是接穗的质量。

（1）**砧木**　嫁接用砧木以2～4年生、发育健壮、无病虫害的实生苗为好。砧苗物候期不同对嫁接成活率有一定影响，萌发阶段的砧木成活率低，抽梢及展叶期则成活率高。砧木嫁接高度对成活率也有影响。研究表明，当嫁接在实生砧木22.5厘米高度时，成活率达74%～78.8%；30厘米高度时成活率为67.5%；而在15厘米高度时，成活率则为62.5%。此外，给砧木适量的供水，可提高芽接成活率。

（2）**接穗**　接穗质量对嫁接成活率更为重要。接穗的质量可依其粗细、充实程度和保鲜状况等指标来综合衡量，其中接穗的含水量至关重要。据研究，当接穗枝条含水量低于38.48%（即失水率超过11.75%）时，不能产生愈伤组织，这种枝条不宜用来作接穗。当然，并非枝条含水量越高对愈伤组织形成越有利。除含水量外，接穗的髓心率为31%～40%时，嫁接成活率最高，当髓心率超过50%时，成活率很低。此外，接穗的休眠程度对成活率也有一定影响，芽未萌动的接穗成活率高；反之，如芽已膨大或萌发，由于接穗内部的水分和养分消耗较大，嫁接成活率也会降低。

一般来说，同一株采穗母树上，以春季生长的接穗充实健壮、木质化程度高、髓心小、嫁接成活率高。秋季生长的接穗则与之相反。在同一发育枝上，中、下部枝段接穗最好，顶部质量差，一般不能使用。

2. 砧木、接穗亲和力　嫁接亲和力是确定优良接穗、砧木组合的基本依据。有的组合嫁接后，砧木、接穗双方虽能生长愈伤组织，但不能相互连接成新的植株。有的嫁接短期内连接成活，但生长发育不良或寿命很短，都表明双方亲和力差。从我国目前常用的几种砧木来看，一般种内嫁接亲和力都强，异种之间表现不好。此外，同种砧木与不同接穗品种之间的组织亲和力也有较大差异。

3. 伤流液　核桃枝干受伤后易出现伤流液，尤其在休眠期表现极为明显，它是影响嫁接成活的重要因子。一般夏季芽接伤流液很少，对嫁接成活力影响不大。

4. 温湿度　核桃愈伤组织的形成需要有一定的温度保证，其适宜温度为25℃～30℃，低于15℃时，愈伤组织不能形成；超过35℃时，愈伤组织的形成被抑制。湿度是愈伤组织形成的另一主要条件。砧木因其根系吸收水分，通常容易形成愈伤组织，而接穗是离体的，只有在适宜的湿度条件下，才能保证愈伤组织的形成，尤其是接口周围的湿度更为重要。研究表明，核桃只能在土壤含水量为14.1%～17.5%条件下产生愈伤组织，而嫁接环境（即接口周围）的空气相对湿度以70%～90%为宜。过低会造成接穗失水干枯，过高则通气不良，易窒息而死。

5. 嫁接时期和方法　嫁接时期主要是通过温度、湿度及伤流量等因子来影响嫁接成活的。嫁接时期的选择非常重要，嫁接过早或过晚均不利于成活。过早因气温低，天气干燥多风，砧、穗生理活动弱，不易产生愈伤组织，加之伤流量大，嫁接成活率很低。过晚因气温升高，湿度降低，穗易萌发，使接口失水变干，形成"假活"现象，接穗也易霉烂。嫁接方法对成活率也有明显影响。

第五章
核桃高效栽培关键技术

一、建　园

建园是核桃生产中的重要环节。因为核桃生命周期长，核桃园一旦建立，便不易改变。因此，建园时，应对园地的土质、地势、气候等条件进行认真选择，并进行严密的规划设计，以免因选址不当和规划不周而带来各方面的不便及损失。

（一）园地选择

根据核桃对环境条件的要求，选择适宜的地点进行建园。

1. 温度　核桃属喜温树种，适宜生长在年平均温度9℃～16℃、极端最低温度 −25℃～−32℃以上、极端最高温度38℃以下、无霜期150～240天的地区。夏季温度超过38℃，核桃易出现日灼、核仁发育不良，形成空苞。

2. 水分　核桃耐干燥的空气，但对土壤水分状况比较敏感。土壤过干或过湿，均不利于核桃的生长发育。年降水量600～800毫米且分布均匀的地区，基本可满足核桃生长发育的需要。

3. 光照　核桃属喜光树种，结果期核桃要求全年日照在

2 000 小时以上，如低于 1 000 小时，坚果核壳和核仁发育不良。特别在雌花开花期，如遇阴雨低温天气，极易造成大量落花落果。若光照条件良好，坐果率会明显提高。

4. 土壤 核桃为深根性树种，要求土壤深厚，土层厚度在 1 米以上才能保证其良好的生长发育。核桃要求土质疏松和排水良好，在沙壤土和壤土中生长良好，黏重板结的土壤或过于瘠薄的沙地不利于核桃的生长发育。在中性或微酸性土壤中生长最好。核桃为喜钙植物，在石灰性土壤中生长结果良好。土壤含盐量过高会影响核桃的生长发育。

在规划设计中，选择远离厂矿、公路等污染源的位置，作为无公害核桃生产建园地。园地要选在背风向阳、土层深厚、通透性排水性良好的壤土或沙壤土地块，地下水位在 2 米以下，pH 值为 6.2～8.2，以石灰质土壤为宜，土壤总含盐量不超过 0.25%。对通透性较差的黏土或含盐量较高的碱性土需进行改良。

核桃适宜生长在 10° 以下的缓坡地带，对坡度在 10°～25° 的地段需要修筑相应的水土保持工程，坡度在 25° 以上的地段不宜栽种核桃。生产环境要符合《NY5013—2006 无公害食品林果类产品产地环境条件》的规定（表 5-1 至表 5-3）。

表 5-1 大气各项污染物的浓度限值

项目	浓度限值	
	日平均	1 小时平均
总悬浮颗粒物（TSP）（标准状态）（毫克/米³）	≤ 0.30	—
二氧化硫（SO_2）（标准状态）（毫克/米³）	≤ 0.15	≤ 0.50
二氧化氮（NO_2）（标准状态）（毫克/米³）	≤ 0.12	≤ 0.24
氟化物（微克/米³）	≤ 7.0	20

表 5-2　农田灌溉水各项污染物的浓度限值

项目	指标
pH 值	5.5～8.5
总汞（毫克/升）	≤ 0.001
总镉（毫克/升）	≤ 0.005
总砷（毫克/升）	≤ 0.05
总铅（毫克/升）	≤ 0.10
铬（六价）（毫克/升）	≤ 0.10
氟化物（毫克/升）	≤ 3.0
氰化物（毫克/升）	≤ 0.50
石油类（毫克/升）	≤ 10

表 5-3　土壤各项污染物的浓度限值

项目	指标		
	pH 值 <6.5	pH 值 6.5～7.5	pH 值 >7.5
总镉（毫克/千克）	≤ 0.30	≤ 0.30	≤ 0.60
总汞（毫克/千克）	≤ 0.30	≤ 0.50	≤ 1.0
总砷（毫克/千克）	≤ 40	≤ 30	≤ 25
总铅（毫克/千克）	≤ 250	≤ 300	≤ 350
总铬（毫克/千克）	≤ 150	≤ 200	≤ 250

　　无公害大型核桃生产基地规划时，立地条件较好的平地按每（60～80）×667 米²划分种植小区；立地条件较差的山区丘陵地按每（15～30）×667 米²划分种植小区，种植小区的形状以长方形为宜，长宽比为 2～5∶1，要求长边与当地主要有害风向相垂直。山区丘陵坡地按等高线进行规划。

（二）苗木选择

准备苗木是果园建设中的一项很重要的工作，不仅需要掌握所需苗木的来源、数量，更重要的是应保证苗木质量，后者将直接关系到建园的成败与经济效益。苗木质量除要求品种优良纯正外，还要求苗木主根发达，侧根完整，无病虫害，分枝力强，容易形成花芽，抗逆性强。一般以株高1米以上、基径不小于1厘米、须根较多的2～3年生壮苗为最佳。如有条件，最好就地育苗，就地栽植。若需外购苗木，则应按苗木运输要求进行。

（三）栽植时期

核桃栽植时期有春栽和秋栽2种。北方春旱地区，核桃根系伤口愈合较慢，发根较晚，以秋栽较好。秋栽树萌芽早，生长健壮，但应注意幼树冬季防寒。秋栽的具体时期，从落叶后至土壤结冻以前（即10～11月份）均可。而对冬季气温较低、保墒良好、冻土层很深、冬季多风的地区，为防止抽条和冻害，宜于春栽。应注意春栽宜早不宜迟，否则会因墒情不良影响缓苗。栽后应视墒情，适当灌水。

（四）栽植方式和密度

核桃的栽培方式应根据立地条件、栽植品种和管理水平来确定。目前我国的核桃栽培方式基本上有2种，一种是以果粮间作形式为主的大分散、小集中的分散栽植，另一种是生产园式的集中栽植。分散栽植可因地制宜，适地适树，粗放管理。集中栽植则宜统一规划，集中强化管理。栽植密度以能够获得高产、稳产、优质，且便于管理为总原则。一般土层深厚、土质良好、肥力较高的地区，发展晚实型核桃时，株、行距应大些，可选6米×8米或8米×9米的密度；若土层较薄、土质较差、肥力较低的山地，株、行距应小些，以5米×6米或6米×7米的密度为宜；对栽植于耕地田埂、坝堰，以种植作物为主，实行果粮间作者，株、行距应加大至 7 米×14 米或 7 米×21 米。山地栽植则以梯田宽度为准，一般 1 个台面 1 行，台面大于 10 米时，可栽 2 行，株、行距一般为 5 米×8 米。早实核桃因结果早，树体较小，可采用 3 米×5 米或 5 米×6 米的密植形式，也可采用 3 米×3 米或 4 米×4 米的计划密植形式，当树冠郁闭、光照不良时，可有计划地间伐成 6 米×6 米或 8 米×8 米。密植栽培需加强综合管理措施。

（五）授粉树的配置

由于核桃具有雌雄异熟、风媒传粉、有效传粉距离短及品种间坐果率差异较大等特点，建园时最好选用 2～3 个能够互相提供授粉机会的主栽品种，以保证良好的授粉条件。此外，如需专门配置授粉树，可按每 4～5 行主栽品种配置 1 行授粉品种的方式定植。山地、梯田栽植时，可根据梯田面的宽度，配置一定比例的授粉树。原则上主栽品种同授粉品种的最大距离应小于 100 米，主栽品种与授粉品种的比例为 8：1。应保证授粉品种的雄花盛期同主栽品种的雌花盛期一致，授粉树的坚果品质也要好。主要核桃品种的适宜授粉品种见表 5-4。

表 5-4　主要核桃品种的适宜授粉品种

主栽品种	授粉品种
晋龙 1 号、晋龙 2 号、西扶 1 号、香铃、西林三号	北京 861、扎 343、鲁光、中林五号
北京 861、鲁光、中林三号、中林五号、扎 343	晋丰、薄壳香、薄丰、晋薄 2 号
薄壳香、晋丰、辽核 1 号、新早丰、温 185、薄丰、西洛 1 号	温 185、扎 343、北京 861
中林一号	辽核 1 号、中林三号、辽核 4 号

（六）栽植方法

核桃苗木栽植以前，应先剪除伤根、烂根，然后放在水中浸泡半天，或根系蘸泥浆，使根系充分吸水，以保证顺利缓苗与成活。一般定植穴的深度和直径分别为 0.8～1 米，若土质黏重或下层为石砾、不透水层，则应加大加深定植穴，并采用客土、填草皮或表皮土等措施来改良土壤，为根系生长发育创造良好条件。挖好定植穴后，将表土和土粪混合填入坑底，然后将苗木放入，舒展根系，分层填土踏实，培土高度与地面相平，栽后修好树盘，充分灌水。注意苗木在穴中的深度，可略高于之前在苗圃的深度，灌水和土壤落实后，根颈与地表相平，过深或过浅均不利于苗木生长。栽后 7 天可再灌 1 次水，以后视墒情和实际条件决定灌水次数。

二、土肥水管理

土肥水管理是果树生产中的基础内容和根本措施。为了提高核桃园的生产效益，达到早结果、丰产、稳产、优质的目的，必须加强土肥水管理。

（一）土壤管理

1. 土壤耕翻 深翻改土是改良核桃园土壤条件的重要技术措施之一，不仅有利于改善土壤结构、增加透气性、提高保水保肥能力、减少病虫害发生，还有利于根系向深处发展，扩大营养吸收范围。土壤翻耕分为深翻和浅翻 2 种。深翻是每年或隔年沿着大量须根分布区的边缘向外扩宽 40～50 厘米、深 60 厘米左右的半圆形或圆形沟，然后将上层土放在底层，底层土放在上面，最后大水浇灌。深翻可在深秋、初冬季节结合施基肥或夏季结合压绿肥进行，分层将基肥或绿肥埋入沟内。在每年春秋季进行1～2次，深20～30厘米，在以树干为中心、半径为2～3米的范围内进行，深翻时应尽量避免伤及1厘米以上的粗根。有条件的地方可结合除草对全园进行浅翻。

2. 中耕除草 中耕除草可改善土壤温度和通气状况，消灭杂草，促进根系生长。中耕在整个生长季中均可进行。在早春解冻后及时耕耙或全园浅刨，并结合镇压，可以保持土壤水分，提高地温，促进根系活动。秋季进行深中耕，可使干旱地核桃园多蓄雨水，涝洼地核桃园散墒，防止土壤湿度过大及通气不良。

除草在不需要进行中耕的土地可单独进行。杂草不仅与核桃树竞争养分，有的还是病害的中间寄主，又是害虫的栖息处，容易导致病虫害发生蔓延，因此需要经常进行除草工作。为节省劳力，减少开支，可采用化学除草剂除草。一般百草枯多用于浅根、无地下茎、阔叶杂草，每667米^{2}用20%百草枯水剂150～200毫升，对水30升。草甘膦多用于有深根和有地下茎的1年生和多年生杂草，每667米^{2}用41%草甘膦水剂300～360毫升，对水60升喷雾。也可将百草枯与草甘膦交替或混合使用，除草效果更为显著。施药时尽量离植株有一定距离，喷头向下，宜在无风时进行，注意不要喷到树上。

3. 园地覆盖 果园覆盖就是用秸秆（小麦秸、油菜秆、玉米秸、稻草等农副产物和野草）或薄膜覆盖果园的方法。在果园中进行覆盖，能增加土壤中有机质含量，调节土壤温度（冬季升温、夏季降温），减少水分的蒸发与径流，提高肥料利用率，控制杂草生长，避免秸秆燃烧对环境造成的污染，提高果实品质。

（1）覆草 最宜在山地、沙壤地、土层浅的核桃园进行。覆盖材料因地制宜，秸秆、杂草均可。除雨季外，覆草可常年进行。覆草厚度以常年保持在15～20厘米为宜。过薄，起不到保温、增湿、灭草的作用；过厚，则早春地温上升慢，不利于根系活动。连续覆草4～5年后可有计划地深翻，以促进根系更新。

（2）**覆盖地膜**　一般选择在早春进行，最好是春季追肥、整地、灌水或降雨后，趁墒覆盖地膜。覆盖地膜时，四周要用土压实，最好使中间稍低，以利于汇集雨水。在干旱地区覆盖地膜可显著提高幼树的成活率，所以对新植的幼树覆地膜尤为重要。

4. 合理间作　核桃园间作在生产上日益受到重视。核桃较其他果树容易管理，与粮食作物没有共同的病虫害，一般年份病虫发生较轻，用药次数少，不会污染环境。肥水方面虽存在矛盾，但是只要加强肥水管理、科学套种，便能获得树上树下双丰收。因此，核桃园间作，不仅可以充分利用光能、地力和空间，特别是可以提高幼龄核桃园的早期经济效益。如单一种植的早实核桃园，需 4 年时间才能达到收支平衡，间作栽培的核桃园则在建园当年就因间种作物的收益而达到收支平衡。目前，核桃园间作，已成为我国果农普遍采用的一种重要的栽培方式。

间作物的种类较多，包括薯类、豆科等低秆类作物、禾谷类作物以及果树苗木。河南省济源市在核桃园中套种中药材、小辣椒也取得了很好的收益。具体间作什么作物，要依据核桃园条件、肥力等因素不同，区别对待。

5. 水土保持　山地或丘陵地的核桃园，容易发生水土流失，为保证核桃树健壮生长，必须防止水土流失。梯田种植的核桃树，要经常整修梯田面和梯田壁，培好堰埂，加高坝堰，梯田内侧要留排水沟，充分发挥其蓄水保土的作用。栽植在沟谷和坡地上的核桃树，应修鱼鳞坑、垒石堰、栽树种草，防止水土流失。

6. 种植绿肥与行间生草　幼龄核桃园可进行间作，但间作物必须为矮秆、浅根、生育期短、需肥水较少，且主要需肥水期与核桃植株生长发育的关键期错开，不能与核桃共有危险性病虫害或互为中间寄主。最适宜的间作物为绿肥作物，常用的绿肥作物有沙打旺、苜蓿、草木犀、杂豆类等，生长季将间作物刈割后覆于树盘，或进行翻压。

成龄核桃园可以采用生草制，即在行间、株间种草，树盘清耕或覆草。所选草类以禾本科、豆科为宜。也可采取前期清耕、后期种植覆盖作物的方法，即在核桃需水肥较多的生长季前期实行果园清耕，进入雨季后种植绿肥作物，至其花期耕翻压入土中，使其迅速腐烂，增加土壤有机质。

（二）科学施肥

施肥是保证核桃树体生长发育正常和达到高产稳产的重要措施。核桃树体每年要从土壤中吸收大量的养分，尤其是进入盛果期后，产量逐年增加，对养分的需求量也逐渐增多，若土壤供肥不足或不及时，树体营养物质的积累与消耗之间将失去平衡，从而影响树体生长，产量下降。施肥除可直接供给树体养分外，农家肥还可以改善土壤的物质组成和土壤结构，有利于核桃幼树的发育，促进花芽分化，促使幼树提早结果。

1. 施肥依据　应根据营养诊断结果、树体的生长发育特点、土壤的供肥特性，确定施肥时期、肥料种类和施肥量。

（1）营养诊断结果　根据诊断结果，适时、适量地施入核桃树体所需的各种营养元素。营养诊断的方法有2种。

①形态诊断　根据树体的外部形态，判断某些营养元素的丰缺以指导施肥。当营养充分的时候，树体表现为叶片大而多，叶厚而浓绿，枝条粗壮，芽体饱满，结果均匀，品质优良。当树体中某种营养元素不足或过多时，植株根、茎、叶、花、果就会表现出相应的症状，可以根据这些症状判断植株的营养状况。

②叶分析　叶分析是按统一规定的标准方法测定叶片中矿物质元素的含量，与叶分析的标准值比较，确定该元素的盈亏，再依据当地土壤养分状况（土壤分析）、肥效指标及矿物质元素间的相互作用，制定施肥方案和肥料配比，指导施肥。

（2）树体的生长发育特点　树体在不同的年龄时期和不同物候期，其生长发育特点不同，所需养分的种类和数量不同，应根据树体的不同需要进行施肥。如幼树期根、枝、叶生长量大，树体对氮肥的需求多，此期施肥应以氮肥为主，磷、钾肥为辅；盛果期树的营养生长和生殖生长处于相对平衡状态，所需营养量大而全面，此期除施入大量的氮、磷、钾肥外，还应增施有机肥。

（3）**土壤的供肥特性** 土壤中营养元素受到成土母岩、耕作制度和间作物等的影响。不同的土壤类型、质地所含养分及供肥特性不同，应根据土壤的肥力来进行施肥。

2. 施肥种类和时期 核桃树在一年的生长发育中，开花、坐果、果实发育、花芽分化均是核桃树需要营养的关键时期，要根据核桃的不同物候期进行合理施肥。施肥方式有基肥、追肥和叶面喷肥3种。

（1）**基肥** 基肥以腐熟的有机肥料为主，如腐殖酸类肥料、堆肥、厩肥、圈肥、粪肥、绿肥、作物秸秆、杂草、枝叶等。它能够在较长时间内持续供给核桃生长发育所需要的多种养分，而且能增加土壤孔隙度，改善土壤的水、肥、气、热状况，有利于微生物活动。试验表明，对25～30年生核桃树，若按每株需纯氮1.5～1.8千克计，厩肥的施用量每株应为幼树不少于25～50千克、初果期树50～100千克、盛果期树200～250千克、更大的树不应少于400千克。至于基肥的种类，从应用效果来看，以厩肥效果最好，在大面积栽植核桃和厩肥肥源不足的情况下，可以采用种绿肥作物代替厩肥的方法，如草木犀、沙打旺、毛叶苕子、紫穗槐等都是很好的绿肥作物。种植绿肥作物后，在有灌水条件的地方，可在树盘下直接翻压；如果土壤瘠薄，水分条件差，则可在刈割后经高温堆沤再施入土中。

基肥可以秋施也可以春施，但一般以秋施为好。秋季核桃果实采收前后，树体内的养分被大量消耗，并且根系处于生长高峰，花芽分化也处于高峰时期，急需补充大量的养分。同时，此时根系旺盛生长有利于吸收大量的养分，光合作用旺盛，树体贮存营养水平提高，有利于枝芽充实健壮，增加抗寒力。所以，秋施基肥宜早，过晚不能及时补充树体所需养分，会影响花芽分化质量。一般核桃基肥在采收前后（9月份）施入为最佳时间。施肥以有机肥为主，可加入部分速效性氮肥或磷肥。施基肥可采用放射状施肥、环状施肥、穴状施肥或条状沟施肥等方法（图5-1），但以开沟50厘米左右深施，或结合秋季深翻改土施入为最好。施肥时一定要注意全园普施、深施，然后灌足水分。

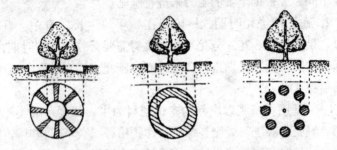

图5-1　放射状施肥、环状施肥、穴状施肥的俯视图

（2）**追肥**　追肥是对基肥的一种补充，主要是在树体生长期中施入，以速效性肥料为主，如硫酸铵、尿素、碳酸氢铵以及复合肥等。其主要作用是满足某一生长阶段核桃树体对养分的大量需求。

追肥的次数和时间与气候、土壤、树龄、树势诸多因素均有关系。高温多雨地区、沙质壤土肥料容易流失，追肥宜少量多次。树龄幼小、树势较弱的树，也宜少量多次性追肥。追肥应满足树体的养分需要，因此施肥与树体的物候期也紧密相关。萌芽期新梢生长点较多，花器官中次之。开花期，树体养分先满足花器官需要。坐果期，先满足果实养分需要，新梢生长点次之。全年中，开花坐果期是需肥的关键时期，幼龄核桃树以每年追肥2～3次，成年核桃树追肥3～4次为宜。

①第一次追肥　在核桃开花前或展叶初期进行，以速效氮肥为主。主要作用是促进开花坐果和新梢生长，追肥量应占全年追

肥量的 50%。根据核桃品种及土壤状况不同进行追肥，早实核桃一般在雌花开放以前，晚实核桃在展叶初期（4月上中旬）施入。此期是决定核桃开花坐果、新梢生长量的关键时期，要及时追肥，以促进开花坐果，增大枝叶生长量，肥料以速效性氮肥为主，如硝酸铵、磷酸氢铵、尿素，或是果树专用复合肥。施肥方法以放射状施肥、环状施肥、穴状施肥均可，施肥深度应比施基肥浅，以 20 厘米左右为佳。

②第二次追肥　在幼果发育期（6月份）进行。早实核桃开花后、晚实核桃展叶末期（5月中下旬）施入。此期新梢的旺盛生长和大量的坐果需消耗大量养分，及时追施氮肥可以减少落果，促进果实的发育和膨大，同时促进新梢生长和木质化形成。另外，核桃树在硬核期的前 1～2 周内，也正是雌花芽分化的基础阶段，适时适量增施速效性肥料，能够提高氮素的营养水平，增加树体碳水化合物的积累，有利于花芽的分化。肥料以速效性氮肥为主，增施适量的磷肥（过磷酸钙、磷矿粉等）、钾肥（硫酸钾、氯化钾、草木灰等），追肥量占全年追肥量的 30%。施肥方法与第一次追肥方法相同。

③第三次追肥　在坚果硬核期（7月份）进行，以三元复合肥为主。此期核桃树体主要进入生殖生长旺盛期，核仁开始发育，同时花芽进入迅速分化期，需要大量的氮、磷、钾肥。肥料施入以磷、钾肥为主，适量施入氮肥，此期追肥量占全年追肥量的 20%。如果以有机肥进行追肥，要比速效性肥料提前 20～30 天施入，以鸡粪、猪粪、牛粪等为主，施用后的效果会更好。追施方法同第一次追肥。

④第四次追肥　在果实采收后进行。采果后，由于果实的发育消耗了树体内大量的养分，花芽继续分化也需要大量的养分。及时补充土壤养分，可以恢复树势，增加树体养分贮备，提高树体抗逆性，为翌年生长结果打下良好的基础。

（3）**叶面喷肥**　又称根外追肥，是土壤施肥的一种辅助性措施，是将一定浓度的肥料溶液用喷雾工具直接喷洒到果树叶片上，从而提高果实质量和数量的施肥方法。

叶面喷肥利用了果树上部包括茎、叶、果皮等器官能直接吸收养分的特性，具有直接性和速效性等优点。一般根外施肥 15 分钟至 2 小时左右便可以吸收，特别是在遇到自然灾害或突发性缺素症时，或为了补充极易被土壤固定的元素，通过根外施肥可以及时挽回损失。因此，根外追肥成本低，操作简单，肥料利用率高，效果好，是一种经济有效的施肥方式。

根外追肥的肥料种类、浓度、喷肥时间主要依土壤状况、树体营养水平具体情况而定。常用的原则是生长期前期浓度可适当低些，后期浓度可高些，在缺水少肥地区次数可多些。一般根外施肥宜在上午 8～10 时或下午 4 时以后进行，阴雨或大风天气不宜进行，如遇喷肥 15 分钟后下雨，可在天气变晴以后补施 1 遍最好。

喷肥一般可喷 0.3%～0.5% 尿素、过磷酸钙、磷酸钾、硫酸铜、硫酸亚铁、硼砂等肥料，以补充氮、磷、钾等大量元素和其他微量元素。花期喷硼可以提高坐果率。5～6 月份喷硫酸亚铁可以使树体叶片肥厚，增加光合作用。7～8 月份喷硫酸钾可以有效地提高核仁品质。

3. 施肥方法

（1）**放射沟施肥** 是 5 年以上幼树较常用的施肥方法。具体做法是从树冠边缘不同方位开始，向树干方向挖 4～8 条放射状的施肥沟，沟的长短视树冠的大小而定，通常为 1～2 米，沟宽40～50 厘米，深度依施肥种类及数量而定，不同年份的基肥沟的位置要变动错开，并随树冠的不断扩大而逐渐外移（图 5-1）。近年来，此法在大树上也有应用。

（2）**环状沟施肥** 常用于 4 年生以下的幼树，施肥方法是在树干周围，沿着树冠的外缘，挖 1 条深 30～40 厘米、宽 40～50 厘米的环状施肥沟，将肥料均匀施入埋好（图 5-1）。基肥可

埋深些，追肥可浅些（磷肥深些，氮肥浅些）。施肥沟的位置应随树冠的扩大逐年向外扩展。此法也可用于大树施基肥。

（3）**穴状沟施肥** 多用于施追肥。具体做法是以树干为中心，从树冠半径的1/2处开始，挖成若干个小穴，穴的分布要均匀，将肥料施入穴中埋好即可（图5-1）。亦可在树冠边缘至树冠半径1/2处的施肥圈内，在各个方位挖成若干不规则的施肥小穴，施入肥料后埋土。

（4）**条状沟施肥** 适用于幼树或成年树。具体做法是于行间或株间，分别在树冠相对的两侧，沿树冠投影边缘挖成相对平行的2条沟，从树冠外缘向内挖，沟宽40～50厘米，长度视树冠大小而定，幼树一般为1～3米，深度视肥料数量而定。翌年挖沟的位置应换到另外相对的两侧。

（5）**全园撒施** 是过去大树施肥常用的方法。做法是先将肥料均匀地撒入全园，然后浅翻。此法简便易行，但缺点是施肥过浅，经常撒施会把细根引向土壤表层。

上述几种土壤施肥的方法，无论采用哪一种，施肥后均应立即灌水，以增加肥效；若无灌溉条件，也应做好保水措施。

4. 施肥量 我国根据核桃树的生长发育状况及土壤肥力不同，提出了早实和晚实核桃的基肥参考施肥量。按树冠垂直投影面积计算，晚实核桃栽植后1～5年、早实核桃1～10年，年施有机肥5千克/米^2，20～30年生树株施有机肥不低于200千克。如土壤等条件较差、树体长势较弱且产量较高时，应适当增加基肥用量。肥源不足的地区，可广泛种植和利用绿肥作物。

5. 缺素症和防治 当土壤中缺乏某种微量元素或土壤中的某种微量元素无法被植物吸收利用时，树体会表现相应缺素症，这时应及时加以补充。核桃树常见的缺素症和防治方法如下。

（1）**缺锌症** 俗称小叶病。表现为叶小且黄，严重缺锌时全树叶片小而卷曲，枝条顶端枯死。有的早春表现正常，夏季则部分叶片开始出现缺锌症状。防治方法为，可在叶片长至最终大小的 3/4 时，喷施 0.3%～0.5% 硫酸锌溶液，隔 15～20 天再喷 1 次，共喷 2～3 次，其效果可持续几年。也可于深秋依据树体大小，将定量硫酸锌施于距树干 70～100 厘米、深 15～20 厘米的沟内。

（2）**缺硼症**　主要表现为枝梢干枯，小叶叶脉间出现棕色小点，小叶易变形，幼果易脱落。防治方法：于冬季结冻前，土壤施用硼砂 1.5～3 千克，或喷布 0.1%～0.2% 硼酸溶液。应注意的是，硼过量也会出现中毒现象，其树体表现与缺硼相似，生产中要注意区分。

（3）**缺铜症**　常与缺锰同时发生，主要表现为核仁萎缩，叶片黄化早落，小枝表皮出现黑色斑点，严重时枝条死亡。防治方法为，可在春季展叶后喷波尔多液，或距树干约 70 厘米处开 20 厘米深的沟施入硫酸铜。也可直接喷施 0.3%～0.5% 硫酸铜溶液。

（三）合理灌水

1. 灌水　一般年降水量为 600～800 毫米，且分布比较均匀的地区，基本上可以满足核桃生长发育对水分的需求。我国南方的绝大部分及长江流域的陕南、陇县地区，年降水量都在 800～1000 毫米以上，一般不需要灌水。北方地区年降水量多在 500 毫米左右，且分布不均，常出现春夏干旱，需要灌水以补充降水的不足。具体灌水时间和次数应根据当地气候、土壤及水源条件而定。一般认为，当田间最大持水量低于 60% 时，容易出现叶片萎蔫、果实空壳、产量下降等问题，应及时进行补水。按照核桃的生长发育规律，需水较多的几个时期如下。

（1）**春季萌芽前后**　3～4 月份，树体需水较多，核桃进入芽萌动阶段且开始抽枝、展叶，此时的树体生理活动变化急剧而且迅速，1 个月时间要完成萌芽、抽枝、展叶和开花等过程，需要大量的水分，而北方又往往春季干旱，每年要灌透萌芽水。

（2）**开花萌芽前后**　5～6 月份，雌花受精后，果实进入迅速生长期，其生长量占全年生长量的80%以上。6月下旬，雌花芽的分化已经开始，均需要大量的水分和养分，是全年需水的关键时期。干旱时，要灌透花后水。

（3）**花芽分化期** 7～8月份，此期核桃树体的生长发育比较缓慢，但是核仁的发育刚刚开始，急剧且迅速，同时花芽的分化也正处于高峰时期，均要求有足够的养分和水分供给树体。通常核桃正值北方的雨季，不需要进行灌水，如遇长期高温干旱的年份，需要灌足水分，以免此期缺水，给生产造成不必要的损失。

（4）**封冻水** 10月末至11月份落叶前，树体需要进行调整，应结合秋施基肥灌足封冻水。一方面可以使土壤保持良好的墒情，另一方面此期灌水能加速秋施基肥快速分解，有利于树体吸收更多的养分，并进行贮藏和积累，提高树体新枝的抗寒性，也为越冬后树体的生长发育贮备营养。

2. 穴贮肥水 穴贮肥水多用于山地无灌溉条件的果园，是一项简单易行、投资少、效益高的节水抗旱技术，具有节肥、节水的特点。具体方法是早春在树冠外围均匀地挖4个直径0.4米、深0.35米的小穴，埋入直径0.3米、长0.3米的草把，四周用有机质与土混合后填实，并适量灌水，然后整理树盘，使营养穴低于地面1～2厘米，形成盘子状。每穴灌水3～5升即可覆膜。将薄膜裁开拉平，盖在树盘上，一定要把营养穴盖在膜下，四周及中间用土压实。每穴覆盖地膜1.5～2米^2，地膜边缘用土压严，中央正对草把上端钻一小孔，用石块或土堵住，以便将来追肥灌水或承接雨水。一般在花后（5月上中旬）、新梢停止生长期（6月中旬）和采果后3个时期，每穴追肥50～100克尿素或三元复合肥，将肥料放于草把顶端，随即灌水3.5升左右。进入雨季，撤去地膜，使穴内贮存雨水。一般贮养穴可维持2～3年，草把应每年换1次，发现地膜损坏后及时更换。再次设置贮养穴时改换位置，逐渐实现全园改良。

3. 灌水量 最适宜的灌水量，应在一次灌溉中使果树根系分布范围内的土壤湿度达到最有利于果树生长发育的程度。只浸润土壤表层或上层根系分布的土壤，不能达到灌溉目的，且由于多次补充灌溉，容易引起土壤板结、地温降低，因此必须一次灌透。深厚的土壤，需一次浸润土层 1 米以上。浅薄土壤，经过改良，也应浸润 0.8～1 米。

根据不同土壤的持水量、灌溉土壤湿度、土壤容重、要求土壤浸润的深度，计算出一定面积的灌水量：

灌水量＝灌溉面积×土壤浸润程度×土壤容重×（田间持水量－灌溉前土壤湿度）

每次灌水前均需测定田间持水量、土壤容重、土壤浸润深度等项，可数年测定 1 次。

4. 灌水方法 灌水方法是核桃园灌水的一个重要环节。下面介绍几种常用灌水方法。

（1）沟灌 在核桃园行间开灌溉沟，沟深 20～25 厘米，并与配水道相垂直，灌溉沟与配水道之间有微小的比降。灌溉沟的数目可因栽植密度和土壤类型而异，密植园每一行间开一条沟即可。稀植园如为黏重土壤，可在行间每隔 100～150 厘米开沟；如为轻松土壤，则每隔 75～100 厘米开沟。灌溉完毕，将沟填平。

沟灌的优点是灌溉水经沟底和沟壁渗入土中，对全园土壤浸湿较均匀，水分蒸发量与流失量均较小，经济用水；防止土壤结构的破坏；土壤通气良好，有利于土壤微生物的活动；减少果园中平整土地的工作量；便于机械化耕作。因此，沟灌是地面灌溉的一种较合理的方法。

（2）分区灌溉 把核桃园划分成许多长方形或正方形的小区，纵横做成土埂，将各小区分开，通常每一棵树单独成为一个小区。此法缺点是易使土壤表面板结，破坏土壤结构，做许多纵横土埂，既费劳力，又妨碍机械化操作。

（3）**盘灌**　以核桃树干为中心，在树冠投影内以土埂围成圆盘，圆盘与灌溉沟相通。灌溉时水流入圆盘内，灌溉前疏松盘内土壤，使水容易渗透，灌溉后耙松表土，或用草覆盖，以减少水分蒸发。此法用水较经济，但浸润土壤的范围较小，果树的根系比树冠大 1.5～2 倍，故距离树干较远的根系，不能得到水分的供应。同时，仍有破坏土壤结构、使表土板结的缺点。

（4）**穴灌**　在核桃树冠投影的外缘挖穴，将水灌入穴中，以灌满为度。穴的数量依树冠大小而定，一般为 8～12 个，直径30 厘米左右，穴深以不伤粗根为准，灌后将土还原。干旱期穴灌，也可将穴覆草或覆膜长期保存而不盖土。此法用水经济，浸润根系范围的土壤较完全而均匀，不会引起土壤板结，在水源缺乏的地区，采用此法为宜。

（5）**喷灌**　喷灌基本不产生深层渗漏和地面径流，可节约用水 20% 以上，对渗漏性强、保水性差的沙土可节省 60%～70% 的水。减少对土壤结构的破坏，可保持原有土壤的疏松状态。喷灌与地面灌溉相比，有以下优点：一是可调节果园的小气候，减免低温、高温、干风对果园的危害。在辐射霜冻时，可使叶温提高 1.1℃～2.2℃，平流霜冻时，可使叶温提高 0.5℃～1.1℃，从而收到防霜效果。二是节省劳力，工作效率高。便于田间机械作业，为施用化肥、喷施农药和除草剂等创造条件。三是对平整土地要求不高，地形复杂的山地也可采用。

喷灌的缺点是可能加重某些果树感染真菌病害的程度；在有风的情况下（风速在 3.5 米/秒以上时），喷灌难做到灌水均匀，并增加水量损失。喷灌设备价格高，增加果园的投资。喷灌系统一般包括水源、动力、水泵、输水管道及喷头等部分。

（6）**滴灌**　滴灌是机械化与自动化相结合的先进灌溉技术，是以水滴或细小水流缓慢地施于核桃根域的灌水方法。从滴灌的劳动生产率和经济用水的观点来看是很有前途的。滴灌的优点：一是节约用水，滴灌仅湿润作物根部附近的土层和表土，因此大大减少了水分蒸发。二是节约劳力，滴灌系统可以全部实现自动化，将劳动力减少至最低限度。滴灌系统还适用于丘陵和山地。三是有利于果树生长结果，滴灌能经常地对根域土壤供水，均匀地维持土壤湿润，不过分潮湿和过分干燥。同时，可保持根域土壤通气良好。如滴灌结合施肥，则更能不断供给根系养分，在盐碱地采用滴灌，还能稀释根层盐液浓度。因此，滴灌可为果树创造最适宜的土壤、水分、养分和通气条件，促进果树根系及枝、叶生长，从而提高果树产量并改进果实品质。

滴灌的缺点是需要管材较多，投资较大；管道和滴头容易堵塞，严格要求良好的过滤设备；滴灌不能调节气候，不适于冻结期应用。

（7）**渗灌**　渗灌是借助于地下的管道系统，使灌溉水在土壤毛细管作用下，自下而上湿润核桃根区的灌溉方法，也称为地下灌溉。

5. 排水　核桃树对地表积水和地下水位过高均较敏感，积水可影响土壤通透性，造成根部缺氧窒息，妨碍根系对水分和矿物质的正常吸收。如积水时间过长，叶片会萎蔫变黄，严重时根系死亡。此外，地下水位过高，会阻碍根系向下伸展。由于我国大部分核桃产区均属山区和丘陵区，自然排水良好，只有少数低洼地区和河流下游地区，常有积水和地下水位过高的情况，这些地区应注意修好行间排水沟或其他排水工程。目前，我国各地降低地下水位和排水的方法主要有以下几种。

（1）**修筑台田**　在低洼易积水地区，建园前修筑台田，台面宽8～10米，高出地面1～1.5米，台田之间留出深1.2～1.5米、高1.5～2米的排水沟。

（2）**降低水位**　在地下水位较高的核桃园中，可挖深沟，降低水位。根据核桃根系的生长深度，可挖深2米左右的排水沟，使地下水位降到地表1.5米以下。

（3）**排除地表积水**　在低洼易积水的地区，可在核桃园的周围挖排水沟，这样既可阻止园外水流入，又便于园内地表积水的排出。也可在园中挖若干条排水沟进行排水。

（4）机械排水　当核桃园面积不大、积水量不多时，可利用排水机、泵进行排水。

三、整形修剪

整形修剪是核桃丰产栽培的一项重要措施，是以核桃生长发育规律、品种生物学特性为依据，与当地生态条件和其他综合农业技术协调配合的技术措施。整形修剪对幼树及初结果期树尤为重要，因为核桃在幼树阶段生长很快，如果任其自由发展，则不易形成良好的丰产树形结构，尤其是早实核桃，其分枝力强，结果早，易抽发一次枝，更容易造成树形紊乱，不利于正常生长与结果。因此，合理地进行整形修剪，使树冠具有良好的通风透光条件，对于保证幼树健康成长、促进早果丰产、维持营养生长与结果之间的良好平衡都具有重要意义，也为成年核桃树的丰产、稳产打下良好的基础。

（一）常见树型

所谓整形，就是通过适当的修剪措施，培养和调整核桃骨干枝，使冠内各类枝条的分布合理，保证冠内通风透光条件，以形成一个良好的丰产树形。在稀植条件下，整形主要考虑个体的发展，使树体充分利用空间，达到树冠大，骨干枝结构合理，枝量多，层次分明，势力均衡。在密植时，则主要考虑群体的发展，注意调节群体叶幕结构和群体与个体间的矛盾，做到短枝多、长枝少、树冠矮、叶幕厚。目前，我国的核桃树形主要有具主干的疏散分层形和无主干的自然开心形2种，前者是目前生产中常见的树形。在生产实际中，应根据品种特点、栽植密度及管理水平等来确定合适的树形，总的原则是不必过分强调一定要整成什么样树形，做到因树修剪，随树做形，有形不死，无形不乱。

1. 定干 树干的高低与树高、栽培管理方式以及间作等关系密切，应根据核桃的品种特点、栽培条件及方式等因地因树而定。一般来说，晚实核桃结果晚，树体高大，主干可适当高些，如果株、行距较大，有间作，为便于作业，干高可留 1.5～2 米；如不间作，可留 1.2～1.5 米。山地核桃园因土层薄，肥力差，干高宜留 1～1.2 米。如果单纯从早实丰产角度考虑，以低干为宜；若考虑到果材兼用，提高干材的利用率，干高可达 3 米以上。早实核桃由于结果早，树体较小，干高可矮些，拟进行短期间作的核桃园，干高可留 0.8～1.2 米，早期密植丰产园干高可定为 0.3～1 米。

定干的方法也因早实、晚实核桃生长发育特点而异。正常情况下，晚实核桃 2 年生时很少发生分枝，3～4 年生以后开始少量分枝，基部主枝距地面可达 2 米以上。此时可通过选留主干的方法定干。具体做法是春季萌芽后，在定干高度的上方选留 1 个壮芽或健壮的枝条作为第一主枝，并将其以下枝、芽全部剪除。如果幼树生长过旺，分枝时间推迟，为控制干高，可在要求干高的上方适当部位进行短截，促使剪口芽萌发，然后选留第一主枝。对分枝力强的品种，只要栽培条件好，也可采用短截的方法定干。早实核桃在一般情况下，2 年生树开始分枝并开花结实，每年株高生长为 0.6～1.2 米。其定干方法是在定植当年发芽后，抹除要求干高以下部位的全部侧芽。如幼树生长未达定干高度，可于翌年定干。如果顶芽坏死，可选留靠近顶芽的健壮侧芽，促其向上生长，待达到一定高度后再定干。定干时选留主干枝的方法同晚实核桃。

2. 树形培养

（1）疏散分层形 有明显的中心干，园片栽植园干高 1.2～1.5 米，间作园干高 1.5～2 米。中心干上着生 5～7 个主枝，分为 2～3 层。第一层 3 个主枝，第二层 2 个，第三层 1～2 个。

该树形适于稀植大冠晚实型品种和果粮间作栽培方式。成形后具有枝条多、结果面积大、通风透光好、树体寿命长、产量高等优点，但结果稍晚，前期产量较低。整形过程如下。

①主枝选留　在2～3年生树定干后，要及时选留主枝。第一层主枝一般为3个，它们是全树结果的主体。这3个主枝要选留在3个不同方位（水平夹角约120°），生长健壮，枝基角不小于60°，腰角70°～80°，梢角60°～70°，层内两主枝间的距离不小于20厘米，避免轮生，以防主枝长粗后对中心干形成"卡脖"现象。有的树长势差，发枝少，可分2年培养。当晚实核桃5～6年生、早实核桃4～5年生已出现壮枝时，开始选留第二层主枝，与第一层主枝错位选留1～2个，避免重叠。晚实核桃和早实核桃7～8年生时，选留第三层主枝1～2个。各层层间距，晚实核桃2米左右，早实核桃1.5米左右。主枝留好后，从最上主枝的上方落头开心，各层主枝上下错开，插空选留，互不重叠。

②侧枝选留　选留第二层侧枝的同时，在第一层主枝的合适位置选留2～3个侧枝。第一个侧枝距主枝基部的距离为：晚实核桃60～80厘米、早实核桃40～50厘米。晚实核桃6～7年生、早实核桃5～6年生时，继续培养第一层主、侧枝和选留第二层主枝上的1～2个侧枝。各级侧枝应交错排列，充分利用空间，避免侧枝并生拥挤。侧枝与主枝的水平夹角以45°～50°为宜，侧枝着生位置以背斜侧为好，切忌留背后枝。

主、侧枝是树体的骨架，整形过程中要保证骨架牢固，协调主从关系。定植4～5年后，树形结构已初步固定（图5-2），但树冠的骨架还未形成，每年应剪截各级枝的延长枝，促使分枝。8年后，主、侧枝已初选出，整形工作大体完成。在此之前，要调节均衡各级骨干枝的长势，过强的应加大基角，或疏除过旺侧枝，特别是控制竞争枝。树干较弱时，可在中心干上多留辅养枝，长势弱的骨干枝可抬起角度，通过调整使树体各级主、侧枝

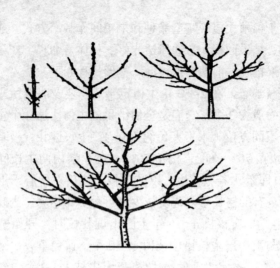

图 5-2 疏散分层形整形过程
1. 定干　2. 第一年　3. 第二年　4. 第三年

长势均衡。

（2）**自然开心形**　无中心干，干高因品种和栽培管理条件而异。在肥沃的土壤条件下，干性较强或直立型品种，干高 0.8～1.2 米，早期密植丰产园干高 0.4～1 米。有 3～5 个主枝轮生于主干上，不分层，各主枝间的垂直距离为 20～40 厘米。该树形具有成形快、结果早、整形简便等特点，适合于树冠开张、干性较弱和密植栽培的早实型品种及土层较薄、肥水条件较差地区的晚实型品种。整形过程如下。

第一，晚实核桃 3～4 年生、早实核桃 3 年生时，在定干高度以上，按不同方位留出 2～4 个枝条或已萌发的壮芽作主枝。各主枝基部的垂直距离一般为 20～40 厘米，主枝可一次或两次选留，各相邻主枝间的水平距离（或夹角）应一致或相近，且长势要一致。

第二，主枝选定后，要选留一级侧枝。每个主枝可留 3 个左右侧枝，上下、左右要错开，分布要均匀。第一侧枝距离主干的距离：晚实核桃 0.8～1 米，早实核桃 0.6 米左右。

第三，一级侧枝选定后，在较大的开心形树体中，可在其上选留二级侧枝。第一主枝一级侧枝上的二级侧枝数 1～2 个，其上再培养结果枝组，这样可以增加结果部位，使树体丰满。第二主枝的一级侧枝数 2～3 个。第二主枝上的侧枝与第一主枝上的侧枝间距：晚实核桃 1～1.5 米，早实核桃 0.8 米左右。至此，开心形的树冠骨架已基本形成（图 5-3）。该树形要特别注意调节各主枝间的平衡。

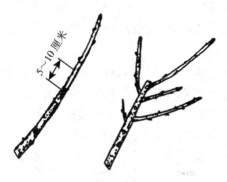

图 5-3　自然开心形整形过程
1.定干　2.第一年　3.第二年　4.第三年

（二）修剪手法和时期

1. 主要修剪手法

（1）**短截**　短截是指剪去 1 年生枝条的一部分。生长季节将新梢顶端幼嫩部分摘除，称之为摘心，也称之为生长季短截。在核桃幼树（尤其是晚实核桃）上，常用短截发育枝的方法增加枝量。短截的对象是从一级和二级侧枝上抽生的生长旺盛的发育枝，剪截长度为 1/4～1/2，短截后一般可萌发 3 个左右较长的枝条。在 1～2 年生枝交界轮痕上留 5～10 厘米剪截，类似苹果树修剪的"戴高帽"，可促使枝条基部潜伏芽萌发，一般在轮痕

图5-4　轮痕以上短截的反应

以上萌发3～5个新梢，轮痕以下可萌发1～2个新梢（图5-4）。核桃树上中等长枝或弱枝不宜短截，否则易刺激下部发出细弱短枝，因髓心较大，组织不充实，影响树势。

（2）**疏枝**　将枝条从基部疏除叫疏枝。疏除对象一般为雄花枝、病虫枝、干枯枝、无用的徒长枝、过密的交叉枝和重叠枝等。雄花枝过多，开花时要消耗大量营养，从而导致树体衰弱，修剪时应适当疏除，以节省营养。

（3）**缓放**　即不剪，又叫长放。其作用是缓和枝条长势，增加中短枝数量，积累营养，促进幼旺树结果。除背上直立旺枝不宜缓放外（可拉平后缓放），其余枝条缓放效果均较好。较粗壮且水平伸展的枝条长放，前后均易萌发长势近似的小枝（图5-5）。这些小枝不短截，翌年生长一段，很易形成花芽。

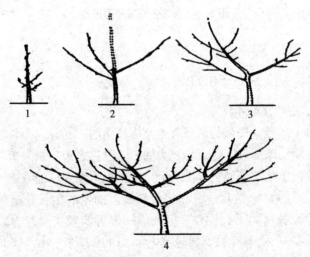

图5-5　水平状枝缓放效果

（4）**回缩** 对多年生枝剪截叫回缩或缩剪，这是核桃修剪中最常用的一种方法。回缩的作用因回缩的部位不同而异，一是复壮作用，二是抑制作用。生产中复壮作用的运用有2个方面：一是局部复壮，如回缩更新结果枝组、多年生冗长下垂的缓放枝等；二是全树复壮，主要是衰老树回缩更新。

回缩时要在剪锯口下留一"辫子枝"。回缩的反应因剪锯口枝势、剪锯口大小等不同而异。对于细长下垂枝回缩至背上枝处可复壮该枝；对于大枝回缩，若剪锯口距枝条太近，对剪口下第一枝起削弱作用，而加强以下枝的长势。

（5）**开张角度** 通过撑、拉、拽等方法加大枝条角度，缓和长势，是幼树整形期间调节各主枝长势的常用方法。

（6）**摘心和除萌** 摘除当年生新梢顶端部分，可促进发生副梢、增加分枝，幼树主、侧枝延长枝摘心，促生分枝，加速整形过程。内膛直立枝摘心，可促生平斜枝，缓和长势，早结果。

冬季修剪后，特别是疏除大枝后，常会刺激伤口下潜伏芽萌发，形成许多旺枝，故在生长季前期应及时除去过多萌芽，有利于树体整形和节约养分，促进枝条健壮生长。幼树整形过程中，也常有无用枝萌发，在它初萌发时用手抹除为好，这样不易再萌发。

2. 修剪时期 核桃在休眠期修剪有伤流，如果落叶后修剪，极易由伤口产生伤流液，伤流过多，易造成养分和水分流失，有碍正常生长结果。因此，核桃修剪时期与其他果树不同，冬季最好不修剪。据观察，伤流一般从落叶后11月中旬开始发生，伤流量逐渐增多，3月下旬芽萌动后，伤流逐渐停止。所以，核桃树修剪的适宜时期为核桃采收后至开始落叶时，或春季萌芽展叶后进行。

（三）幼树的整形修剪

1. 幼树整形 应根据品种特点、栽培密度及管理水平等确定合适的树形，做到因树修剪、随枝造形、有形不死、无形不乱，切不可过分强调树形。

（1）**定干**　树干的高低与树高、栽培管理方式和间作等关系密切，应根据品种特点、土层厚度、肥力高低、间作模式等因地因树而定，如晚实核桃结果晚、树体高大，主干可适当高些，干高可留 1～1.5 米。山地核桃因土壤瘠薄、肥力差，干高以 1～1.2 米为宜。早实核桃结果早，树体较小，主干可矮些，干高可留 0.8～1.2 米。立地条件好的定干可高一些。密植时留干可低一些，早期密植丰产园干高可定 0.8～1 米。果材兼用型品种，为提高干材的利用率，干高可达 3 米以上。

①早实核桃定干　在定植当年发芽后，抹除要求干高以下部位的全部侧芽。如幼树生长未达定干高度，可于翌年定干。如果顶芽坏死，可选留靠近顶芽的健壮芽，促其向上生长，待到一定高度后再定干。定干时选留主枝的方法与晚实核桃相同。

②晚实核桃定干　春季萌芽后，在定干高度的上方选留 1 个壮芽或健壮的枝条作为第一主枝，并将以下枝、芽全部剪除。如果幼树生长过旺，分枝时间推迟，为控制干高，可在要求干高的上方适当部位进行短截，促使剪口芽萌发，然后选留第一主枝。

（2）**培养树形**　主要有疏散分层形和自然开心形 2 种。

2. 幼树修剪　核桃幼树修剪是在整形的基础上，继续选留和培养结果枝和结果枝组，应及时剪除一些无用枝，是培养和维持丰产树形的重要技术措施。许多晚实类的核桃新梢顶芽肥大，优势很强，萌生侧枝及短枝力弱，可在新梢长 60～80 厘米时摘心，促发 2～3 个侧枝，这样可加强幼树整形效果，提早成形。核桃幼树的修剪方法，因各品种生长发育特点的不同而异，其具体方法有以下几种。

（1）**控制二次枝**　早实核桃在幼龄阶段抽生二次枝是普遍现象。由于二次枝抽生晚，生长旺，组织不充实，必须进行控制。具体方法：一是若二次枝生长过旺，可在枝条未木质化之前，从基部剪除。二是凡在一个结果枝上抽生 3 个以上的二次枝，可于早期选留 1～2 个健壮枝，其余全部疏除。三是在夏季，对选留的二次枝，如生长过旺，要进行摘心，控制其向外伸展。四是如一个结果枝只抽生 1 个二次枝，长势较强，于春季或夏季将其短截，以促发分枝，培养结果枝组。短截强度以中轻度为宜。

（2）**利用徒长枝** 早实核桃由于结果早、果枝率高、花果量大、养分消耗过多，常造成新枝不能形成混合芽或营养芽，以至于翌年无法抽发新枝，而其基部的潜伏芽就会萌发成徒长枝。这种徒长枝翌年就能抽生 5～10 个结果枝，最多可达 30 个。这些果枝由顶部向基部长势渐弱，枝条变短，最短的几乎看不到枝条，只能看到雌花。第三年中下部的小枝多干枯脱落，出现光秃带，结果部位向枝顶推移，易造成枝条下垂。必须采取夏季摘心法或短截法，促使徒长枝的中下部结果枝生长健壮，达到充分利用粗壮徒长枝、培养健壮结果枝的目的。

（3）**处理好旺盛营养枝** 对生长旺盛的长枝，以长放或轻剪为宜。修剪越轻，总发枝量、果枝量和坐果数就越多，二次枝数量就越少。

（4）**疏除过密枝和处理好背下枝** 早实核桃枝量大，易造成树冠内膛枝多、密度过大，不利于通风透光。对此，应按照去弱留强的原则，及时疏除过密的枝条。具体方法是从枝条基部剪除，切不可留桩，以利于伤口愈合。背下枝多着生在母枝先端背下，春季萌发早，生长旺盛，竞争力强，容易使原枝头变弱而形成"倒拉"现象，甚至造成原枝头枯死。处理方法是在萌芽后或枝条伸长初期剪除。如果原母枝变弱或分枝角度过小，可利用背下枝或斜上枝代替原枝头，将原枝头剪除或培养成结果枝组。如果背下枝长势中等，并已形成混合芽，则可保留其结果。如果背下枝长势健壮，结果后可在适当分枝处回缩，培养成小型结果枝。

（四）成年树的修剪

成年的核桃树，树形已基本形成，产量逐渐增加。进入此期核桃树的主要修剪任务是继续培养主、侧枝，充分利用辅养枝早期结果，积极培养结果枝组，尽量扩大结果部位。其修剪原则是去强留弱、先放后缩、放缩结合，防止结果部位外移。结果盛期以后，由于结果量大，容易造成树体营养分配失衡，形成大小年结果现象，甚至有的树由于结果太多，致使一些枝条枯死或树势衰弱，严重影响核桃树的经济寿命。成年树修剪要根据具体品种、栽培方式和树体本身的生长发育情况灵活运用，做到因树修剪。

1. 结果初期树的修剪　此期树体结构初步形成，应保持树势平衡，疏除改造直立向上的徒长枝，疏除外围的密集枝及节间长的无效枝，保留充足的有效枝量（粗、短、壮），控制强枝向缓势发展（夏季拿、拉、换头），充分利用一切可以利用的结果枝（包括下垂枝），达到早结果、早丰产的目的。

（1）**辅养枝修剪**　对已影响主、侧枝的辅养枝，可以回缩或逐渐疏除，给主、侧枝让路。

（2）**徒长枝修剪**　可采用留、疏、改相结合的方法进行修剪。早实核桃应在结果母枝或结果枝组明显衰弱或出现枯枝时，通过回缩使其萌发徒长枝。对萌发的徒长枝，可根据空间选留，再经轻度短截，从而形成结果枝组。

（3）**二次枝修剪**　可用摘心和短截方法，将二次枝培养成结果枝组。对过密的二次枝则去弱留强。同时，应注意疏除干枯枝、病虫枝、过密枝、重叠枝和细弱枝。早实核桃重点是防止结果部位迅速外移，对树冠外围生长旺盛的二次枝短截或疏除。

2. 盛果期树的修剪　盛果期的大核桃树，树冠大部分接近郁闭或已经郁闭，外围枝量逐渐增多且大部分成为结果枝，并且由于光照不足，部分小枝干枯，主枝后部出现光秃带，结果部位外移，易出现隔年结果现象。因此，修剪的主要任务是调整营养生长和生殖生长的关系，不断改善树冠内的通风透光条件，不断更新结果枝，以达到高产稳产的目的。其修剪要点是疏病枝，透阳光，缩外围，促内膛，抬角度，节营养，养枝组，增产量。特别是要做好抬、留的科学运用，绝对不能一次性处理下垂枝，要本着三抬一、五抬二的手法（下垂枝连续3年生的可疏去1年生枝，5年生枝缩至2年生处，留向上枝）。具体修剪方法如下。

（1）**骨干枝和外围枝的修剪** 晚实核桃随着结果量的增多，特别是丰产年份，大中型骨干枝常出现下垂现象，外围枝伸展过长，下垂得更严重。因此，对骨干枝和外围枝必须进行修剪，修剪的要点是及时回缩过弱的骨干枝。回缩部位可在有斜上生长的侧枝前部，按去弱留强的原则，疏除过密的外围枝，对可利用的外围枝适当短截，以改善树冠的通风透光条件，促进保留枝芽的健壮生长。

（2）**结果枝组的培养** 加强结果枝组的培养，扩大结果部位，防止结果部位外移，是保证核桃树盛果期丰产稳产的重要技术措施，特别是晚实核桃。合理结果枝组的配置表现为大、中、小配置适当，均匀地分布在各级主、侧枝上；在树冠内总体分布是里大外小，下多上少，使内部不空，外部不密，通风透光良好，枝组间距离为0.6～1米。培养结果枝组的方法有4种：一是先放后缩。即对1年生壮枝进行长放、拉枝，一般能抽生10多个果枝新梢，第二年进行回缩，培养成结果枝组。二是先截后放。在空间较大、培养大型结果枝组时，先对1年生壮枝中短截，第二年疏去前端的1～2个壮枝，其他枝长放，从而培养成结果枝组。也可在6月上旬进行新梢摘心，促使分枝，冬剪时再回缩，1年即可培养成结果枝组。三是辅养枝改造。对有空间的辅养枝，当辅养作用完成后，可通过回缩方法培养成大型枝组，一般采用先放后缩的方法，枝组的位置以背斜枝为好。背上只留小型枝组，不留背后枝组。枝组间距离控制在60～80厘米。四是先缩后截。对于空间较小的辅养枝和多年生有分枝的徒长枝或发育枝，可采取先疏除前端旺枝，再短截后部枝条的方法培育成结果枝组。

（3）**结果枝组的更新**　由于枝组年龄过大，着生部位光照不良，过于密挤，结果过多，着生在骨干枝背后，枝组本身下垂，着生母枝衰弱等原因，均可使结果枝组长势衰弱，不能分生足够的营养枝，结果能力明显降低，这种枝组需及时更新。枝组更新要从全树长势的复壮和改善枝组的光照条件入手，并根据枝组不同情况，采取相应的修剪措施。枝组内的更新复壮，可采取回缩至强壮分枝或角度较小的分枝处，剪果枝、疏花果等技术措施。对于过度衰弱，回缩和短截仍不发枝的结果枝组，可从基部疏除。如果疏除后留有空间，可利用徒长枝培养新的结果枝组；如果疏除前附近有空间，也可先培养成新结果枝组，然后将原衰弱枝组逐年去除，以新代老。

（4）**辅养枝的利用与修剪**　辅养枝是指着生于骨干枝上的临时性枝条。其修剪要点为：①辅养枝与骨干枝不发生矛盾时，可保留不动。如果影响主、侧枝的生长，就应及时去除或回缩。②辅养枝生长过旺时，应去强留弱或回缩至弱分枝处。③对长势中等、分枝良好、又有可利用空间者，可剪去枝头，将其改造成大中型结果枝组。

（5）**徒长枝的利用和修剪**　核桃成年树，随着树龄和结果量的增加，外围枝长势变弱或受病虫危害时，容易形成徒长枝，早实核桃更易发生。其具体修剪方法：一是如内膛枝条较多，结果枝组又生长正常，可从基部疏除徒长枝。二是如内膛有空间，或其附近结果枝组已衰弱，可利用徒长枝培养成结果枝组，促使结果枝组及时更新。三是在盛果末期，树势开始衰弱，产量下降，枯死枝增多，更应注意对徒长枝的选留与培养。

（6）**背下枝的处理**　晚实核桃树背下枝强旺和夺头现象比较普遍。背下枝多由枝头的第二个至第四个背下芽发育而成，长势很强，若不及时处理，极易造成枝头"倒拉"现象，必须进行修剪。其具体修剪方法是对长势中等并已形成混合芽的，可保留结果。对于生长健壮的，待结果后，可在适当分枝处回缩，培养成小型结果枝组。如果已产生"倒拉"现象，原枝头开张角度又比较小，可将原枝头剪除，让背下枝取而代之。对无用的背下枝则要及时剪除。

（五）衰老期树的修剪

核桃树寿命长，在良好的环境和栽培管理条件下，生长结果可达百年乃至数百年。但在粗放管理条件下，早实核桃 40～60 年、晚实核桃 80～100 年以后进入衰老期。对于衰老期的核桃树，应有计划地更新复壮。更新的方式有 2 种，即全园更新和局部更新。

1. 主干更新 是将主枝全部锯掉，使其重新发枝并形成新主枝。主干更新应根据树势和管理水平慎重采用。

2. 主枝更新 在主枝的适当部位进行回缩，使其形成新的侧枝，逐渐培养成主枝、侧枝和结果枝。

3. 侧枝更新 将一级侧枝在适当的部位进行回缩，使其形成新的二级侧枝。侧枝更新具有更新幅度小、更新后树冠和产量恢复快等特点。

无论采用哪种更新方法，都必须在更新前后加强肥水管理和病虫害防治。只有这样才能增强树势，加速树冠、树势和产量的恢复，以达到更新复壮的目的。

（六）放任大树的改造修剪

核桃实生多年放任生长树大部分表现为：大枝过多，层次不清，枝条紊乱，从属关系不明，主枝多轮生、叠生、并生，第一层主枝常有 4～7 个。盛果期树中心干弱，由于主枝延伸过长，先端密挤，基部秃裸，造成树冠郁闭，通风透光不良，内膛枝细弱，逐渐干枯死亡，导致内膛空虚，结果部位外移，结果枝细弱，连续结果能力降低，落花落果严重，坐果率一般只有20%～30%，产量很低。衰老树外围枯梢、结果能力很低，甚至形不成花芽，从大枝中下部萌生大量徒长枝形成自然更新，重新构成树冠，连续几年无产量或产量很低。

　　放任生长树的改造修剪应多种多样，但应本着因树修剪、随枝做形的原则，根据具体情况区别对待。中心干明显的树改造为主干疏层形，中心领导干很弱或无中心干的树改造为自然开心形。

　　1. 落实去顶　将最长而徒长的头顶去掉，控制树高，防止疯长。

　　2. 大枝的选留　大枝过多是放任生长树的主要矛盾，应首先解决好。修剪前要对树体进行仔细观察，全面分析，通盘考虑，重点疏除密挤的重叠枝、并生枝、交叉枝和病虫危害枝。三大主枝疏散分层形树留5～7个主枝，主要是第一层要选留好，一般可考虑留3～4个。

　　3. 中型枝的处理　中型枝是指着生在中心领导枝和主枝上的多年生枝。在大枝除掉后，虽然总体上大大改善了通风透光条件，为复壮树势、充实内膛创造了条件，但在局部仍显密挤，所以对中型枝也要及时处理，选留一定数量的侧枝。

　　4. 外围枝的调整　大中型枝处理后，基本上解决了枝量过多的问题，但外围枝冗长细弱，有些下垂枝，必须适当回缩，抬高角度，增强长势。

　　5. 结果枝组的调整　当树体营养得到调整，通风透光条件得到改善后，结果枝组有复壮的机会，这时对结果枝组进行调整，其原则是根据树体结构、空间大小、枝组类型（大、中、小型）与枝组的生长势来确定。对于枝组过多密挤的树，要选留生长健壮的枝组，疏除衰弱的枝组。对有空间的枝组可适当回缩、抬高角度，用壮枝带头，继续发展。

　　6. 内膛枝组的培养利用　对内膛徒长枝进行改造，改造修剪后的大树内膛结果率可达 35% 左右。培养结果枝组的方法：一是先放后缩，即对中庸徒长枝先短截，促进分枝，然后再对分枝适当处理，促其成花结果。

（七）其他管理措施

1. 幼树防寒　核桃幼树枝条髓心大，含水量较高，抗寒性差，在北方比较寒冷干旱的地区，越冬后新梢表皮皱缩干枯，俗称"抽条"，影响幼树树冠的形成。因此，在定植后的 1～2 年内，需进行幼树防寒工作。具体做法有 3 种。

（1）**埋土防寒**　在冬季土壤封冻前，把幼树轻轻弯倒，使其顶端接触地面，然后用土埋好，埋土厚度视当地的气候条件而定，一般为 20～40 厘米。待翌年春季土壤解冻后，及时撤土，把幼树扶直。此法虽费工，但效果良好。据北京市林果研究所 3 年试验证明，此法可有效地阻止抽条的发生。

（2）**培土防寒**　对粗矮的幼树，如不易弯倒，可在树干周围培土，最好将当年枝条培严。幼树较高时，不宜用此法。

（3）**涂白防寒**　幼树涂白，可缓和枝干阴阳面的温差，防寒效果较好。可在土壤结冻前涂抹。涂白剂的配方是：食盐 0.5 千克、生石灰 6 千克、清水 15 升，再加入适量的黏着剂和杀虫灭菌剂。也可用石硫合剂的残渣涂抹幼树枝、干。

2. 保花保果技术

（1）**人工辅助授粉**　核桃存在雌雄异熟现象，某些品种同一株树上雌雄花期可相距 20 多天。花期不遇常造成授粉不良，严重影响坐果率和产量，分散栽种的核桃树更是如此。此外，由于受不良气象因素，如低温、降雨、大风、霜冻等的影响，雄花的散粉也会受到阻碍。在这些情况下，人工辅助授粉可显著提高坐果率。即使在正常气候条件下，人工辅助授粉也能提高坐果率 5.1%～31%。人工辅助授粉步骤如下。

①采集花粉　从当地或其他地方生长健壮的成年树上采集将

要散粉（花序由绿变黄）或刚刚散粉的雄花序，放在干燥的室内或无阳光直射的地方晾干，在20℃～25℃条件下，经1～2天即可散粉，然后将花粉收集在指形管或青霉素小瓶中，盖严，置于2℃～5℃的低温条件下备用。花粉生活力在常温下可保持5天左右，在3℃的冰箱中可保持20天以上。注意瓶装花粉应适当通气，以防发霉。为适应大面积授粉的需要，可将原粉加以稀释，一般按1∶10加入淀粉即可，稀释后的花粉同样可以收到良好的授粉效果。

②选择授粉适期　当雌花柱头开裂并呈倒"八"字形，柱头羽状突起、分泌大量黏液，并具有一定光泽时，为雌花接受花粉的最佳时期。此时一般正值雌花盛期，时间为2～3天，雄先型植株的此期只有1～2天。因此，要抓紧时间授粉，以免错过最适授粉期。有时因天气状况不良，同一株树上雌花期早晚可相差7～15天，为提高坐果率，有条件的地方可进行二次授粉。实践证明，在雌花开花不整齐时，二次授粉可比一次授粉提高坐果率8.8%左右。

③授粉方法　对树体较矮小的早实核桃幼树，可用授粉器授粉，也可用"医用喉头喷粉器"代替，将花粉装入喷粉器的玻璃瓶中，在树冠中上部喷布即可，注意喷头要离柱头30厘米以上。此法授粉速度快，但花粉用量大。也可用新毛笔蘸少量花粉，轻轻点弹在柱头上，注意不要直接往柱头上抹，以免授粉过量或损坏柱头，导致落花。对成年树或高大的晚实核桃树可采用花粉袋抖授法。具体做法是将花粉装入2～4层的纱布袋中，封严袋口，拴在竹竿上，然后在树冠上方迎风面轻轻抖撒。也可将即将散粉的雄花序采下，每4～5个为1束，挂在树冠上部，任其自由散粉，效果也很好，还可免去采集花粉的麻烦。此外，还可将花粉配成悬液（花粉与水之比为1∶5000）进行喷洒，有条件时可在水中加10%蔗糖和0.02%硼酸，可促进花粉受精和发芽。此法既可节省花粉，又可结合叶面喷肥同时进行，适于山区或水源缺

乏的地区。

（2）**疏花疏果** 指疏除核桃树上过多的雄花芽和幼果。疏花疏果由于节省了大量养分和水分，不仅有利于当年树体的发育，而且能提高当年的坚果产量和品质，同时也有利于新梢的生长和保证翌年的产量。

①疏除雄花 疏雄时期原则上以早疏为宜，一般以雄花芽未萌动前的 20 天内进行为好，至雄花芽伸长期则疏雄效果不明显。疏雄量以 90%～95% 为宜，使雌花序与雄花数之比达 1:30～60，但对栽植分散和雄花芽较少的核桃树可适当少疏或不疏。具体疏雄方法是用长 1～1.5 米带钩木杆，拉下枝条，人工掰除即可。也可结合修剪进行。

疏雄对核桃树的增产效果十分明显。据山西省林业科学研究所（1984 年）在蒲县的核桃丰产栽培试验中证明，疏雄可使年均产量增长 47.5%。该省自 1985 年起在全省 7 个地、市，27 个县推广去雄技术，3 年共疏雄 191.62 万株，增产核桃约 327.67 万千克，增加纯收入 355.37 万元。另据河北农业大学（1986 年）报道，疏雄可提高坐果率 15%～22%，产量增加 12.8%～37.5%。

②疏除幼果 由于早实核桃以侧花芽结实为主，雌花量较大，至盛果期后，为保证树体营养生长和生殖生长的相对平衡，保持高产稳产水平，疏除过多的幼果也是非常必要的。疏果的时间可在生理落果期以后，一般在雌花受精后的 20～30 天，即当子房发育至 1～1.5 厘米时进行为宜。幼果疏除量应依树势状况及栽培条件而定，一般以每平方米树冠投影面积保留 60～100 个果实为宜。疏除方法是先疏除弱树或细弱枝结的幼果，如必要的话，最好连同弱枝一同剪掉。每个花序有 10 个以上幼果时，视结果枝的强弱保留 2～3 个。注意坐果部位在冠内要分布均匀，郁密内膛可多疏。应特别注意，疏果仅限于坐果率高的早实核桃品种，尤其是挂果多的弱树。

第六章
病虫害防治

核桃病虫害防治应贯彻预防为主、科学防控、依法治理、促进健康的植物保护方针。提倡使用生物源农药、植物源农药、矿物源农药，有限度地使用低毒化学合成农药，禁止使用剧毒、高毒、高残留农药。

为确保防治效果，首先，要掌握病虫害的发生规律，做到提前预防。其次，要把握好农药的使用剂量，严格按照说明书正确使用农药，不要随意增减用量。再次，要交替轮换使用农药，不要长期使用单一品种的药剂，尽量使用复配药，如生物制剂、拟除虫菊酯制剂、有机氮制剂、氨基甲酸酯制剂可以轮换使用；内吸杀菌剂宜与代森类、无机硫制剂、铜制剂轮换使用，可有效延缓病虫害产生抗药性。

另外，要严格按照国家制定的安全间隔期标准使用农药，核桃采收前 30 天停止用药。

一、主要病害及防治

（一）溃 疡 病

该病是一种真菌性的病害，主要危害幼树主干、嫩枝和果实，一般植株被害率在 20%～40%，严重时可达 70%～100%。

可引起植株生长衰弱、枯枝，甚至死亡。果实感病后，引起果实干缩、变黑腐烂，进而早落，降低品质，影响产量。在南北核桃产区均有发生。

1. 危害症状 在树干及主、侧枝的基部易发生此病，发病初期为直径 0.1～2 厘米的褐色或黑色近圆形病斑，有的扩展成梭形或长条状病斑。

幼嫩枝干感病时，病斑呈水渍状或形成明显的水疱，水疱破裂后流出褐色黏液，从而形成圆形病斑，之后病斑呈黑褐色，发病后期病斑干缩下陷，中央裂开，病部处散生许多小黑点，严重时，病斑扩展或数个相连，形成梭形或长条形病斑。若病部不断扩大，环绕枝干一周时，会形成枯梢、枯枝或整株死亡。

成龄树或较老化的树枝干上感病后，病斑呈水渍状，中心黑褐色，四周浅褐色，但无明显的边缘，病皮下的韧皮部和内皮层组织腐烂，呈褐色或黑褐色，有时深达木质部，病斑扩展或数个联合，可引起树势衰弱或整株死亡。

果实受害初期，果面上形成大小不等的褐色至黑褐色圆形病斑，可引起早期落果、干缩或变黑腐烂，果面产生许多突起的褐色至黑色粒状物。

2. 防治方法 主要为农业防治，具体方法如下。

（1）**栽植抗病品种** 新疆核桃品种较抗此病。

（2）**加强树体管理** 结合深翻改土，多施有机肥，间作绿肥作物，尤其要加强土壤水分管理。除注意及时灌水外，可利用高吸水性树脂施于田间植株周围，能明显提高土壤保水性，以减少发病率。

（3）**冬季清园** 清除园内病叶、枯枝，带出园外烧毁，减少越冬病原。

（4）**树干涂白** 冬夏对树干涂白，防止日灼和冻害。涂白剂为生石灰 5 千克、食盐 2 千克、油 0.1 升、豆面 0.1 千克、水 20 升。

（5）**刮治病斑** 用刀刮除病部达木质部或将病斑纵横划几道

口子，然后涂刷 3 波美度石硫合剂，或 1% 硫酸铜溶液，或 10% 碱水，或 1 : 3 : 15 的波尔多液，均有一定的防治效果。

（二）腐烂病

又称烂皮病、黑水病，是一种真菌性病害，主要危害核桃枝干的树皮。植株发病率在 50% 左右，严重时可达 90% 以上，使植株结果能力下降，甚至整株死亡。在新疆、甘肃、河南、山东、四川、安徽等核桃产区均有发生。

1. 危害症状　主要危害核桃的枝干，幼树主干和骨干枝感病时，多深入木质部，病斑近梭形，发病初期呈暗灰色，水渍状，稍隆起，用手指按压时，溢出带有泡沫的汁液，腐皮组织逐渐变成褐色，有酒糟味，后期病组织失水下陷，并散生黑色小点粒。天气潮湿时，小黑点涌出橘红色胶质丝状物。病斑沿枝干纵横进行扩展，后期皮层纵向开裂，流出黑水。病斑环绕枝干 1 周时，导致枝干或整株死亡。

老龄树主干上的初期病斑一般在韧皮部下方隐藏发展，不易发现，当刮开皮层时，可见许多小岛状病斑，其周围聚集着大量白色菌丝。当发现由皮层向外溢出黑色黏稠物时，病斑已经发展扩大。后期从树皮裂缝处流出黏稠的黑水。

枝条感病后常出现枯枝状，主要发生在营养枝、徒长枝和 2～3 年生的大枝上，而且遭受冻害的枝条上极易发生此病，表现为枝条失绿，皮层与木质部剥离，皮下密生许多黑色小点粒，使整个枝条干枯。在有修剪伤口的枝条上发病时，多从剪口开始感染，有明显的褐色病斑，沿枝梢向下蔓延，环绕枝干 1 周时，引起整个枝条枯死。

2. 防治方法

（1）农业防治

①加强树体管理　加强土肥水管理，提高树势是防治腐烂病的基本措施。

②清园　清除园内病枝、病皮，在园外烧毁，减少病菌来源。

③树干涂白　新植幼树，注意冬夏进行树干涂白，防止冻害和日灼发生，减少病菌侵入通道。

（2）化学防治

①刮老皮和病斑　春季彻底刮除病斑，以微露新皮为准，刮除范围应比变色坏死组织宽 0.5 厘米左右，刮口要光滑平整。刮后伤口涂 5～10 波美度石硫合剂，或 1% 硫酸铜液，或 50% 甲基硫菌灵可湿性粉剂 100 倍液消毒。

②喷药　以 70% 甲基硫菌灵可湿性粉剂 50～100 倍液给幼树刷干，嫁接伤口刷 200～300 倍液，修剪伤口刷 100～500 倍液，愈合伤口刷 50～100 倍液。

（三）枝 枯 病

由真菌侵染引起，主要危害核桃枝干，造成枝干枯死。植株感病率一般可达 20% 左右，重的达 90%，严重影响核桃产量。此病也危害野核桃、核桃楸和枫杨。在辽宁、河南、河北、山东、陕西、甘肃、四川和江苏等地均有发生。

1. 危害症状　病菌多从 1～2 年生的枝梢或侧枝上侵染树体，侵染发病后，再从顶端逐渐向下蔓延至主干。受害枝的叶片变黄脱落。感病初期病部皮层失绿呈灰褐色，后变成浅红褐色或深灰色，病部稍下陷，干燥时开裂下陷露出木质部。当病斑扩展绕枝干 1 周时，出现枯枝以至全株死亡。在病死的枝干上，产生密集黑色小点粒，即病菌的分生孢子盘。当空气湿度大时，大量分生孢子和黏液从孢子盘中涌出，在孢子盘口形成黑色小瘤状突起。

2. 防治方法　主要为农业防治，其防治方法如下。

（1）加强树体管理　山地核桃园应搞好水土保持工作，改良土壤，深翻扩穴，同时增施以有机肥为主的基肥，合理适量追施化肥，增强树势，提高抗病能力。

（2）树干涂白　冬季将树干涂白，进行防冻、防虫和防病。

涂白剂配方为生石灰 12.5 千克、食盐 1.5 千克、植物油 0.25 升、硫黄粉 0.5 千克、水 50 升。

（3）**清园**　结合修剪及时剪除病枯枝，带出园外及时烧毁，减少病菌侵染源，剪锯口用波尔多液涂抹。

（4）**病部涂治**　在发病的枝干病部，用 2% 五氯酚蒽油胶泥涂抹。

（四）褐 斑 病

由真菌引起，主要危害叶片、嫩梢和果实，引起早期落叶、枯梢，影响树势和产量。在我国河北、河南、陕西、山东、吉林、四川等地有不同程度的发生。

1. 危害症状　叶片感病初期出现小褐斑，扩大后呈近圆形或不规则形，直径 0.3～0.7 厘米，中间灰褐色，边缘不明显，呈暗黄绿色至紫色。病斑上略呈同心轮纹状排列的黑褐色小点，即分生孢子盘与分生孢子。病斑进一步扩大融合形成大片枯斑，严重时引起早期落叶。嫩梢上病斑呈长椭圆形或不规则形，黑褐色，稍凹陷，边缘褐色，中间有纵向裂纹，后期病斑上散生小黑点，即分生孢子盘与分生孢子，严重时造成枯梢。果实病斑较叶片上小，凹陷，扩展或连片后，果实变黑腐烂。苗木受害后，可造成大量枯梢。

2. 防治方法

（1）**农业防治**　适时清园，采果后结合修剪，清除病枝、病叶、病果，集中烧毁或深埋，减少侵染源。

（2）**化学防治**　6 月中旬和 7 月初，各喷 1 次石灰倍量式波尔多液 200 倍液，或 50% 甲基硫菌灵可湿性粉剂 800 倍液，或 40% 氟硅唑乳油 8 000～10 000 倍液。

（五）细菌性黑斑病

由细菌侵染引起的病害，发生范围广泛。主要危害果实，也危害叶片、嫩梢和枝条。感病后引起果实变黑、早落，核仁腐烂或核仁干瘪，果实感病率为10%～40%。在核桃各产区均有发生。还危害叶片和嫩梢，受害率达70%～100%。

1. 危害症状 主要危害核桃果实。果实受害时，受害的绿色幼果初期青皮上产生褐色油渍状小斑点，无明显边缘，后期扩大成圆形或不规则形，严重时病斑凹陷，深入内果皮。在雨天，病斑周围有水渍状晕圈，此病导致全果变黑腐烂，果仁干瘪、早落。

叶片感病初期，叶片上的病斑较小，黑褐色，近圆形或多角形，外缘呈半透明油渍状晕圈，后期病斑中央呈灰色或穿孔；严重时，数个病斑融合，整个叶片发黑、枯焦。叶柄、嫩梢和枝条上的病斑呈黑色长梭形或不规则形，下陷。严重时，可引起整个枝条枯死。

2. 防治方法 选栽抗病性强的品种，是防治细菌性黑斑病的重要环节。以核桃楸作砧木嫁接的核桃，抗黑斑病能力显著提高。

（1）农业防治

①加强树体管理 重视深翻改土，科学配方施肥，改善园内和树冠内通风透光条件，以减轻发病率。

②清理果园 采收后，及时清除残留病果、病枝和病叶，集中销毁，减少翌年病菌侵染。

（2）化学防治 5月中下旬开始喷药预防，每20～30天喷1次1∶1∶200（硫酸铜∶石灰∶水）的波尔多液，连续2～3次。或喷70%甲基硫菌灵可湿性粉剂1 000～1 500倍液，防治效果均佳。

（六）炭 疽 病

由真菌侵染引起的病害，主要危害果实，也危害叶片、芽和嫩梢部位。感病后易引起早期落果或果仁干瘪，果实的感病率为20%～40%，严重时可达90%以上。在华北、华东核桃产区发生较重。

1. 危害症状　主要危害果实。果实受害初期，青皮表面上产生黑色或黑褐色、圆形或近圆形的病斑，后期病斑扩大至皮内，中央凹陷并散生或呈同心轮纹状排列的许多黑色小点。天气潮湿时，病斑上会出现粉红色的病菌分生孢子盘和分生孢子。被侵染的病果上产生 1～10 个大小不等的病斑，病斑扩大或数个病斑融合，导致全果发黑腐烂或果仁干瘪。

核桃叶片的感病率较低，病斑呈不规则黄色或黄褐色长条状，天气潮湿时，病斑上也出现粉红色的分生孢子，发病严重时引起整个叶片枯黄。

2. 防治方法

（1）农业防治

①强壮树体　加强综合管理，保持树体健壮，增强抗性。

②清理果园　6～7 月份，及时摘除病果。采果后，结合修剪及时清除病果、病叶和病枝，集中烧毁，消灭越冬病源。

（2）化学防治

①提前预防　发芽前，喷 3～5 波美度石硫合剂。发病前的 6 月中下旬至 7 月上中旬，喷 1∶1∶200（硫酸铜∶石灰∶水）的波尔多液，或 50% 胂·锌·福美双可湿性粉剂 600～800 倍液 2～3 次。

②发病期防治　发病期喷 50% 多菌灵可湿性粉剂 100 倍液，或 2% 嘧啶核苷类抗菌素水剂 200 倍液，或 75% 百菌清可湿性粉剂 600 倍液，或 50% 硫菌灵可湿性粉剂 800～1000 倍液，每 15 天 1 次，连喷 2～3 次，如能加黏着剂（0.03% 皮胶等）效果会更好。

二、核桃主要虫害及其防治

（一）核桃小吉丁虫

又名串皮虫，是核桃树的主要害虫之一。在各核桃产区危害均较严重。

1. 危害症状　主要危害枝条，幼虫蛀入 2～3 年生枝干皮层，或螺旋形串圈危害，故又称串皮虫。枝条受害后常表现枯梢，树冠变小，产量下降；幼树受害严重时，易形成小老树或整株死亡，严重地区被害株率达 90% 以上。

2. 防治方法

（1）**农业防治**　秋季采收后，剪除全部受害枝，集中烧毁，以消灭越冬虫源。注意多剪一段健康枝，以防幼虫被遗漏。

（2）**物理防治**　诱杀虫卵。成虫羽化产卵期，及时设立一些饵木，诱集成虫产卵，再及时烧掉。

（3）**生物防治**　核桃小吉丁虫有 2 种寄生蜂，自然寄生率为 16%～56%，释放寄生蜂可有效地降低越冬虫口数量。

（4）**化学防治**　从 5 月下旬开始，每隔 15 天用 90% 晶体敌百虫 600 倍液，或 48% 毒死蜱乳油 800～1 000 倍液喷洒主干。在成虫发生期，结合防治举肢蛾等害虫，在树上喷洒 80% 敌敌畏乳油或 90% 晶体敌百虫 800～1 000 倍液，来阻止成虫出洞。

（二）草 履 蚧

它又名草鞋蚧。在我国大部分地区都有分布。

1. 危害症状　该虫吸食树液，致使树势衰弱，甚至枝条枯死，影响产量。被害枝干上有 1 层黑霉，受害越重，黑霉越多。

2. 防治方法

（1）**农业防治**　耕翻土壤。采果至土壤结冻前或翌年早春进行树下耕翻，可将草履蚧消灭在出土之前，耕翻深度约 15 厘米，范围要稍大于树冠投影面积。结合耕翻可在树冠下地面上撒施 5% 辛硫磷粉剂，每 667 米^2 用 2 千克，施后翻耙使药土混合均匀。

（2）**物理防治**　在草履蚧若虫未上树前，于 3 月初在树干基部刮除老皮，涂宽约 15 厘米的黏虫胶带，黏胶一般配法为废机油和石油沥青各 1 份，加热熔化后搅匀即成。或废机油、柴油或蓖麻油各 2 份，加热后放入 1 份松香油熬制而成。如在胶带上再包一层塑料布，下端呈喇叭状，防治效果更好。

（3）**生物防治**　保护天敌。草履蚧的天敌主要是黑缘红瓢虫，喷药时避免喷菊酯类和有机磷类广谱性农药，喷洒时间不要在瓢虫孵化盛期和幼虫时期。

（4）**化学防治**　若虫上树前，用 6% 柴油乳剂喷洒根颈部周围土壤。若虫上树初期，在核桃发芽前喷 3～5 波美度石硫合剂，发芽后喷 80% 敌敌畏乳油 1000 倍液，或 48% 毒死蜱乳油 1000 倍液。

（三）缀 叶 螟

又名木黏虫、缀叶丛螟。属于鳞翅目螟蛾科。

1. 危害症状　幼虫咬食叶片，发生严重的年份，可以把树叶吃光。在辽宁、北京、河北、天津、山东、江苏、安徽、浙江、江西、福建、广东、湖南、湖北、河南、云南、贵州、四川和陕西等地广泛分布。

2. 防治方法

（1）**物理防治**

①人工杀死　利用幼虫危害叶片时呈群居状态，可以摘除虫包，集中烧毁，杀灭虫体。

②挖虫茧　虫茧一般集中在树根旁边松软的土里，可在秋季封冻前或春季解冻后，在其附近挖除虫茧，集中烧毁。

（2）**化学防治**　7 月中下旬在幼虫危害的初期，喷洒 25% 高效氯氟氰菊酯乳油 1000 倍液，或 40% 毒死蜱乳油 800～1000 倍液。

（四）刺 蛾 类

又名洋拉子、八角，是一种杂食性害虫。在全国各地均有分布。以幼虫取食叶片，影响树势和产量，是核桃叶部的主要害虫。刺蛾的种类有黄刺蛾、绿刺蛾、褐刺蛾、扁刺蛾等。

1. 危害症状　初龄幼虫取食叶片的下表皮和叶肉，仅留表皮层，叶面出现透明斑。三龄以后幼虫食量增大，把叶片吃成多孔洞、缺刻，影响树势和翌年结果。幼虫体上有毒毛，触及人体会刺激皮肤发痒、发痛。

2. 防治方法

（1）农业防治

①消灭越冬虫茧　可结合秋季挖树盘施肥，冬季修剪等消除越冬虫茧。

②人工捕杀　在幼虫聚集期剪除虫枝，集中进行烧毁。

（2）物理防治　利用成虫的趋光性，利用黑色灯光诱杀成虫。

（3）生物防治　可利用上海青蜂对黄刺蛾茧寄生的特性，消灭黄刺蛾的越冬茧。

（4）化学防治　幼虫危害严重时，幼虫发生期用苏云金杆菌或青虫菌乳剂 500 倍液，或 25% 灭幼脲 3 号胶悬剂 1 000 倍液，或 5% 辛硫磷乳油 100 倍液，或 90% 晶体敌百虫 1 500 倍液或 48% 毒死蜱乳油 1 500 倍液，或用每克含 100 亿个以上孢子的青虫菌粉剂 1 000 倍液喷雾。

（五）铜绿金龟子

又名铜绿丽金龟。属于鞘翅目丽金龟科。

1. 危害症状　在我国吉林、辽宁、河北、河南、山东、山西、陕西、湖南、湖北、江西、安徽、江苏、浙江等地均有分布。以成虫取食核桃、苹果、枫杨、杨、柳、榆、栎等多种植物叶片，常常导致大片树木叶片被吃光，尤以幼树受害严重。幼虫危害植物的根部。

2. 防治方法

（1）人工防治　于 6 月份成虫大量发生期，傍晚利用成虫假死性，进行敲树振虫，树下用塑料布接虫，集中将其消灭。

（2）**物理防治**　利用成虫的趋光性，6～7月份用黑光灯诱杀成虫。

（3）**化学防治**

①防治金龟子　成虫大量发生的年份，6～7月份是成虫危害的高峰期，可用50%马拉硫磷乳油或50%辛硫磷乳油800～1000倍液，在树冠上喷雾进行防治。

②防治蛴螬　用50%辛硫磷乳油100克拌种50千克，或拌1千克炉渣后，将制成的5%毒砂撒入土内。

（六）芳香木蠹蛾

又名杨木蠹蛾、蒙古木蠹蛾，属于鳞翅目木蠹蛾科。因其老熟幼虫爬行速度较快，遇到惊扰可分泌出一种有芳香气味的液体，而得此名。

1. 危害症状　广泛分布于我国东北、华北、西北、西南等地，在河南卢氏、陕西商洛等核桃产区危害尤为严重。除危害核桃外，还危害苹果、梨、桃、杨、柳、榆等树木。幼虫群集在核桃树干基部及根部蛀食皮层，使根颈部皮层开裂，排出深褐色的虫粪和木屑，并有褐色液体流出。使树势逐年衰弱，产量降低，甚至整株枯死。

2. 防治方法

（1）**农业防治**

①伐除枯死木、衰弱木　注意消灭其中的幼虫。

②树干涂白　在成虫产卵期，将核桃树干涂白，防止成虫在树干在产卵。

③人工捕杀幼虫　发现幼虫危害时，撬开皮层挖出幼虫。

（2）**化学防治**

①喷药防治　6～7月份，在树干1.5米以下至根部，喷洒48%毒死蜱乳油500～800倍液，隔15天左右喷1次，连喷2～3次，以毒杀初孵幼虫。

②灌药防治 5～10月份幼虫蛀食期间，将核桃树根颈部土壤扒开，用50%敌敌畏乳油50倍液灌入虫道，至药液外流时为止，然后用湿土封严，毒杀树干或根部的幼虫。

（七）核桃举肢蛾

又称核桃黑，在华北、西北、西南、中南等核桃产区均有发生，在土壤潮湿、杂草丛生的荒山沟洼处发生严重。主要危害核桃的果实，果实受害率达70%～80%，甚至高达100%，是降低核桃产量和品质的主要害虫。

1. 危害症状 幼虫在青果皮内蛀食多条隧道，并充满虫粪，被害处青皮发黑，被害后的30天内可在果中剥出幼虫，有时1个果内有十几条幼虫。早期被危害的坚果种仁干缩、早落；晚期被危害的坚果种仁瘦瘪、变黑，致使核桃产量严重受损。

2. 防治方法

（1）**农业防治** 冬季封冻前，清除园内的枯枝落叶和杂草，刮掉树干上的老皮，集中烧毁。深翻树下土壤，减少幼虫越冬。剪除受害的幼果进行深埋，以减少翌年的虫口密度。

（2）**生物防治** 释放松毛虫赤眼蜂，在6月份每667米^{2}释放赤眼蜂30万头，可控制举肢蛾的危害。

（3）**化学防治** 幼虫孵化期是药剂防治的重点，主要药剂有25%灭幼脲3号胶悬剂1 000倍液，或50%敌百虫乳油1 000倍液，或48%毒死蜱乳油2 000倍液，或1.8%阿维菌素乳油500倍液喷雾，或间隔喷1次50%杀螟硫磷乳剂1 000～1 500倍液。在成虫进行羽化前，每株树冠下撒3%辛硫磷颗粒剂0.1～0.2千克，然后浅锄。

第七章
核桃采收及商品化处理

一、适期采收

核桃的适时采收非常重要。采收过早青皮不易剥离，种仁不饱满，出仁率低，加工时出油率低，而且不耐贮藏。采收过晚则果实易脱落，同时青皮开裂后停留在树上的时间过长，会增加受真菌感染的机会，导致坚果品质下降。核桃果实的成熟期，因品种和气候条件不同而异。早熟与晚熟品种成熟期可相差 10～25 天。一般来说，北方地区的成熟期多在 9 月上中旬，南方相对早些。同一品种在不同地区的成熟期有所差异，如辽核 1 号品种在大连地区 9 月中下旬成熟，在河南 9 月上旬成熟。同一地区内的成熟期也有所不同，平原区较山区成熟早，低山位比高山位成熟早，阳坡较阴坡成熟早，干旱年份比多雨年份成熟早。

核桃果实成熟的外观形态特征是，青果皮由绿变黄，部分顶部开裂，青果皮易剥离。此时的内部特征是，种仁饱满，幼旺成熟，子叶变硬，风味浓香。这时才是果实采收的最佳时期。目前，生产中采收多数偏早，应予以注意。

二、采收方法

核桃的采收方法有人工采收法和机械振动采收法 2 种。人工采收就是在果实成熟时，用竹竿或带弹性的长木杆敲击果实所在的枝条或直接触落果实，这是目前我国普遍采用的方法。其技术要点是敲打时应该从上至下、从内向外顺枝进行，以免损伤枝芽，影响翌年产量。机械振动采收是在采收前 10～20 天，在树上喷布 500～2 000 微克/升乙烯利溶液催熟，然后用机械振动树干，将果实振落到地面，这是近年来国外试用的方法。此法的优点是青皮容易剥离、果面污染轻，但其缺点是因用乙烯利催熟，往往会造成叶片大量早期脱落而削弱树势。

三、脱青皮的漂洗技术

（一）脱青皮的方法

1. 堆沤脱皮法 是我国传统的核桃脱皮方法。其技术要点是，果实采收后及时运到室外阴凉处或室内，切忌在阳光下暴晒，然后按 50 厘米左右的厚度堆成堆（堆积过厚易腐烂）。若在果堆上加一层 10 厘米左右厚的干草或干树叶，则可提高堆内温度，促进果实后熟，加快脱皮速度。一般堆沤 3～5 天，当青果皮离壳或开裂达 50% 以上时，即可用棍敲击脱皮。对未脱皮者可再堆沤数日，直至全部脱皮为止。堆沤时切勿使青果皮变黑，甚至腐烂，以免污液渗入壳内污染核仁，降低坚果品质和商品价值。

2. 药剂脱皮法 由于堆沤脱皮法脱皮时间长，工作效率低，果实污染率高，对坚果商品质量影响较大，所以自 20 世纪 70 年代以来，一些单位开始研究利用乙烯利催熟脱皮技术，并取得了成功。其具体做法是果实采收后，在 0.3%～0.5% 乙烯利溶液中浸蘸约半分钟，再按 50 厘米左右的厚度堆在阴凉处或室内，在温度 30℃、空气相对湿度 80%～90% 条件下，经 5 天左右，离皮率可高达 95% 以上。若果堆上加盖一层厚 10 厘米左右的干草，2天左右即可离皮。据测定，此法的一级果比例比堆沤法高52%，核仁变质率下降至1.3%，缩短脱皮时间5～6天，且果面洁净美观。乙烯利催熟时间长短和用药浓度大小与果实成熟度有关，果实成熟度高，用药浓度低，催熟时间也短。

（二）坚果漂洗

核桃脱青皮后，如果坚果作为商品出售，应先进行洗涤，清除坚果表面残留的烂皮、泥土和其他污染物，然后再进行漂白处理，以提高坚果的外观品质和商品价值。洗涤的方法是将脱皮的坚果装筐，把筐放在水池中（流水中更好），用竹扫帚搅洗。在水池中洗涤时，应及时更换清水，每次洗涤5分钟左右，洗涤时间不宜过长，以免脏水渗入壳内污染核仁。如不需漂白，即可将洗好的坚果摊放在席箔上晾晒。除人工洗涤外，还可用机械洗涤，其工效较人工清洗高2～3倍，成品率高10%左右。

如有必要，特别是用于出口外销的坚果，洗涤后还需漂白。具体做法是在陶瓷缸内（禁用铁、木制容器），先将次氯酸钠（漂白精，含次氯酸钠80%）溶于5～7倍的清水中，然后再把刚洗净的核桃放入缸内，使漂白液浸淹坚果，用木棍搅拌3～5分钟。当坚果壳面变为白色时，立即捞出并用清水冲洗2次、晾晒。只要漂白液不变浑浊，即可连续漂洗（一般一缸漂白液可洗7～8批）。

用漂白粉漂洗时，先把0.5千克漂白粉加温水3～4升溶解，滤去残渣，然后在陶瓷缸内对清水30～40升，配成漂白液，再将洗好的坚果放入漂白液中，搅拌8～10分钟，当壳面变白时，捞出后清洗干净、晾干。使用过的漂白液再加0.25千克漂白粉即可继续漂洗。每次可漂洗核桃40千克。

作种子用的核桃坚果，脱皮后不必洗涤和漂白，可直接晾干后贮藏备用。

（三）坚果晾晒

核桃坚果漂洗后，不可在阳光下暴晒，以免核壳破裂，核仁变质。洗好的坚果应先在竹箔或高粱秸箔上阴干半天，待大部分水分蒸发后再摊放在芦席或竹箔上晾晒。坚果摊放厚度不应超过2层果，过厚容易发热，使核仁变质，也不易干燥，晾晒时要经常翻动，以免种仁背光面变为黄色。注意避免雨淋和晚上受潮。一般经5～7天即可晾干。判断干燥的标准是坚果碰敲声音脆响，横隔膜易于用手搓碎，种仁皮色由乳白色变为淡黄褐色，种仁含水量不超过8%。晾晒过度，种仁会出油，同样降低品质。

除自然晾晒外，秋雨连绵时，还可用火炕烘干。坚果的摊放厚度以不超过15厘米为宜，过厚不便翻动。烘烤也不均匀，易出现上湿下焦，过薄易烤焦或裂果。烘烤温度至关重要，刚上炕时坚果湿度大，烤房温度以25℃～30℃为宜，同时要打开天窗，让大量水汽排出。当烤至四五成干时，关闭天窗，将温度升至35℃～40℃；待到七八成干时，使温度降至30℃左右，最后用文火烤干为止。果实上炕后至大量水汽排出之前，不宜翻动果实，经烤烘10小时左右，壳面无水时才可翻动，越接近干燥，翻动越勤。最佳阶段为每隔2小时翻1次。

四、分级和包装

（一）坚果分级标准和包装

1. 分级标准　根据核桃外贸出口要求，坚果依直径大小分为3等，一等为30毫米以上，二等为28～30毫米，三等为26～28毫米。出口核桃除要求坚果大小主要指标外，还要求壳面光滑、洁白、干燥（核仁含水量不得超过6.5%），成品内不允许夹带任何杂果。不完善果（欠熟、虫蛀、霉烂及破裂果）总计不得超过 10%。

根据我国国家标准局于 1987 年颁布的《核桃丰产与坚果品质》国家标准，将核桃坚果分为以下 4 级。

（1）优级　要求坚果外观整齐端正（畸形果不超过 10%），果面光滑或较麻，缝合线平或低；平均单果重不小于 8.8 克；内褶壁退化，手指可捏破，能取整仁；种仁黄白色，饱满；壳厚不超过 1.1 毫米；出仁率不低于 59%；味香，无异味。

（2）一级　外观同优级。平均单果重不小于 7.5 克，内褶壁不发达，两个果用手可以挤破，能取整仁；种仁深黄白色，饱满；壳厚 1.2～1.8 毫米；出仁率为 50%～58.9%；味香，无异味。

（3）二级　坚果外观不整齐、不端正，果面麻，缝合线高；平均单果重不小于 7.5 克；内褶壁不发达，能取整仁或半仁；种仁深黄色，较饱满；壳厚 1.2～1.8 毫米；出仁率为 43%～49.9%；味稍涩，无异味。

（4）等外　抽检样品中夹仁坚果数量超过 5% 时，列入等外。同时，标准中还规定：露仁、缝合线开裂、果面或种仁有黑斑的坚果超市抽检样品数量的 10%，不能列为优级和一级品。

2. 包装　核桃坚果的包装一般都用麻袋，出口商品可根据客商要求，每袋装 45 千克左右，包口用针线缝严，并在麻袋左上角标注批号。

（二）取仁方法、分级标准与包装

1. 取仁方法　核桃取仁有人工取仁和机械取仁 2 种。我国仍沿用人工砸取的方法。砸仁时应注意将缝合线与地面平行放置，用力要匀，切忌猛击和多次连击，尽可能提高整仁率。为了减轻坚果砸开后种仁受污染，砸仁之前一定要清理好场地，保持场地的卫生，不可直接在地上砸，坚果砸破后先装入干净的筐篓中或堆放在席子或塑料布上，砸完后再剥出核仁。剥仁时，最好戴上干净手套，将剥出的仁直接放入干净的容器或塑料袋内，然后再分级包装。

2. 核桃仁的分级标准与包装

（**1**）**分级标准**　根据核仁颜色和完善程度将核仁划分为 8 级（行业术语称"路"）：白头路，1/2 仁，淡黄色；白二路，1/4 仁，淡黄色；白三路，1/8 仁，淡黄色；浅头路，1/2 仁，淡琥珀色；浅二路，1/4 仁，淡琥珀色；浅三路，1/8 仁，淡琥珀色；混四路，碎仁，种仁色浅且均匀；深三路，碎仁，种仁深色。

在核桃仁分级、收购时，除注意种仁颜色和仁片大小外，还要求种仁干燥，水分不超过 5%。种仁肥厚，饱满，无虫蛀，无霉烂变质，无异味，无杂质。不同等级的核桃仁，出口价格不同，白头路最高，浅头路次之，但完全符合白头路与浅头路两个等级的商品量不大。我国大量出口的商品主要为白二路、白三路、浅二路和浅三路 4 个等级，混四路和深三路均作内销或加工用。

（**2**）**包装**　核桃仁出口要求按等级作纸箱或木箱包装。做包装核桃仁木箱的木材不能有怪味。一般每箱核仁净重 20～25 千克。包装时应采取防潮措施，一般是在箱底和四周衬垫硫酸纸等防潮材料，装箱之后立即封严、捆牢，并注明重量、等级、地址、货号等。

五、核桃的贮藏

由于核桃仁中脂肪含量比较高，在贮藏过程中较易发生氧化酸败，引起品质下降。为了解决这一问题，国内外学者进行了多方面的研究。

（一）普通室内贮藏

即将晾干的核桃装入布袋或麻袋中，放在通风、干燥的室内贮藏，或装入筐（篓）内堆放在阴凉、干燥、通风、背光的地方。为避免潮湿，最好堆下垫砖石块或木板，使袋子离地面40～50厘米，并要严防鼠害。少量作种子用的核桃可以装在布袋中挂起来。该方法只适合核桃短期存放，在常温下能贮藏至夏季来临之前，核桃仁的品质基本保持不变。如过夏则易发生霉烂、虫害和有哈喇味。

（二）低温贮藏

长期贮存核桃应有低温条件。贮藏时间较长、数量不大的核桃，可封入聚乙烯袋，在冰箱0℃～5℃条件下贮藏。数量较大时，最好用麻袋或冷藏箱包装，放在0℃～5℃的恒温冷库中贮藏，核桃仁的品质可保持2年。

（三）膜帐密封贮藏

在核桃贮藏量大、又不具备冷库条件时，可采用塑料薄膜帐密封贮藏。选用0.2～0.23毫米厚的聚乙烯膜帐密封贮藏。帐的大小和形状可根据存贮数量和仓储条件设置。然后将晾干的核桃封于帐内贮藏，帐内含氧量在2%以下。北方冬季气温低，空气干燥，秋季入帐的核桃，不需立即密封，待翌年2月下旬气温逐渐回升时再进行密封。密封应选择低温、干燥的天气进行，使帐内空气相对湿度不高于50%～60%，以防密封后霉变。南方秋末冬初温度高，空气湿度大，核桃入帐时必须加吸湿剂，并尽量降低贮藏室内的温度。当春末夏初气温上升时，在密封的帐内贮藏也不安全，这时可配合充二氧化碳或充氮降氧法。充二氧化碳可使帐内的二氧化碳浓度升高，既能抑制呼吸、减少损耗，又可抑制真菌的活动，防止霉烂。如果二氧化碳浓度达到50%以上，还可防止油脂氧化而产生的酸败现象（俗称哈喇味）及虫害。若帐内充氮量保持在1%左右，不但具有与上述二氧化碳同样的效果，还可以在一定程度上防止衰老，贮藏效果也很理想。

核桃仁的贮藏一般需要低温条件，在1.1℃～1.7℃条件下，核桃仁可贮藏 2 年而不腐烂。此外，采用合成的抗氧化材料包装核桃仁，也可抑制因脂肪酸氧化而引起的腐败现象。

六、商品化处理现状

（一）我国的商品化处理

我国主要的核桃产区分布在山区或丘陵地带，如云南、四川、陕西、山西、河北和北京等地，核桃的平原密植化栽培主要集中在新疆的南疆，现已初具规模。同其他树种一样，核桃也是依靠千万家农户的分散栽植，给核桃的采后标准化处理增加了难度。

目前，我国核桃的采收仍然采用竹竿人工敲打，采收效率低，劳动强度大。普遍存在的问题是采收时间过早，且做不到按品种采收。此外，去青皮、清洗等基本上靠人工进行，核桃的干燥是采用自然晾干法，延缓了核桃产品上市的时间。在我国大多数核桃产区（新疆的南疆除外），核桃的自然干燥过程中经常会遇到阴雨天气，核桃仁很容易发霉、长毛，颜色变深，商品等级下降。

近几年，我国科研、生产单位也陆续研制出一些小型核桃采后商品化处理机械，如新疆农科院、河北兴隆县林业局研制的脱核桃青皮及清洗机；云南大理研制的小型烘干机等，在生产中得到了初步的推广。

核桃去壳取仁采用冷水浸泡、人工砸取的方式，虽然能提高核桃整仁的出仁率，但也提高了核桃仁的含水量，对核桃仁品质带来了负面的影响。

（二）美国的商品化处理

在美国，核桃的采收、脱青皮、清洗、烘干等工序已完全实现了机械化。

1. 核桃的采收　每年 8 月末至 11 月份是核桃的采收期。在 8 月末，当树上有 2/3 的核桃青皮开裂，标志着核桃果实可以采收了。核桃果实的采收是通过机械振荡器将核桃果实振落到地面上，通过机械将果实收集起来，运到加工厂进行脱青皮、漂洗、烘干、破壳取仁或带壳包装等处理。

由于品种化的核桃都是采用嫁接的方法进行繁育，嫁接部位很容易由于振荡而开裂，特别是 4～6 年生的幼树容易发生这种问题，因此对采收工人需要进行技能培训，包括振荡的部位、力度等。机械收果机通过风选的方法去掉大部分的泥土、树叶和枝条等杂物，将果实传送到车斗里运走。由于采用机械化采收，核桃树的株、行距一般为 5 米×6 米或 8 米×8 米，因品种特性不同而不同，树干高度为 1.8 米左右。

2. 核桃的去青皮及挑选　一是将运到的核桃先传送到一个水池里，采用水洗的方法，去掉核桃果里残留的树叶、青皮等杂物，通过电子色差分离机将青皮为黑色的核桃（品质不好）挑选出来。二是将品质好的核桃进行脱青皮处理，用传送带将青皮运走。三是脱过青皮的核桃再次进行水洗，将青皮脱得不彻底的核桃人工挑选出，再次进行处理。四是将上述处理过的核桃用传送带运到干燥箱内进行干燥。

3. 核桃的干燥　核桃烘干采用机械热风干燥法，可以使核桃仁的含水量很快降低至 8%，使核桃仁的品质在贮藏期间得到保证。机械热风干燥法比以往的晾晒法有很大的改进，主要体现在脱水速率快、完全、便于控制等方面。

干燥的方式有固定箱式、吊箱式和拖车式，最常用的是固定箱式。固定箱式是由若干个箱子组成，坚果从上方灌入，总容量约为 25 吨，每个箱内放 1～5 吨坚果，箱子底板呈 35°角倾斜，坚果放入时，可沿箱底滑入，箱深 6～8 英尺（1 英尺＝30.48 厘米），加热至 43.3℃的热风以每平方英尺 70～120 厘米的速率吹过核桃堆。箱子底部有一活门，干燥的核桃由活门落到传送带上，送入运输车或货箱内。

采回坚果的田间原含水量对干燥时间有显著的影响，最早采收的坚果含水量为30%～40%，需要干燥36～48小时，最后采收的坚果含水量已接近干燥状态约8%的含水量，只需略微干燥即可。漂洗干净、烘干好的核桃进行带壳贮藏。需要核桃仁时，再从贮藏库将带壳核桃提取出来，送往去壳车间，用机械破壳机将核桃壳压碎进行破壳取仁。将破壳后的核桃仁按大小进行分级，用气流法将仁与碎壳进行分离。通过提升机和运送机等系统，核桃仁通过电子色差分离机和激光分类机，分成不同等级的产品。最后经过培训有素的质检员检验后，才可以进行包装。包装方式有2种，一是塑料袋，二是纸箱。所有核桃产品必须符合或优于核桃市场委员会所制定的质量标准。

第八章
专家种植经验介绍

一、核桃如何快速育苗

核桃是山区栽培的主要经济树种之一。山区广大群众利用山区优势资源，以市场为导向，因地制宜地调整种植业结构，积极发展核桃生产，促进了核桃生产的快速发展，出现了发展核桃的热潮。核桃产业的快速发展对核桃育苗技术也提出了新的要求。嫁接成活率低、育苗成本高、育苗速度慢、苗木价格高成为限制核桃生产发展的主要因素。笔者通过对河南地区核桃育苗技术调查和试验，总结出了核桃当年播种、当年嫁接、当年成苗出圃的快速育苗技术模式，以供核桃育苗者参考应用。

（一）砧木苗培育

1. 种子选择 选择新鲜、饱满、成熟度高的当年核桃种子。为降低育苗成本，尽量选择小粒种子，一是价格低，二是单位重量数量多（140～160粒/千克）。

2. 种子浸种催裂 核桃种壳较厚是影响种胚萌发速度、出苗率和出苗整齐度的限制因子。播种前，要用干湿交替（夜浸昼晒）的浸种方法，促进种子缝合线裂口。

3. 阳畦集中育苗 做成宽1～1.2米、长20米左右的阳畦，阳畦底部铺10厘米厚的肥土。2月中旬播种，将裂口的种子按

10厘米×50厘米的间距，均匀摆播于畦面上。摆播时，要求种尖侧平、缝合线与地面垂直。播后均匀撒肥土，覆土厚度以超过种子2厘米左右为宜。播后洒水，加盖草帘保湿；最后覆盖塑料薄膜，保湿增温。幼苗出土或生长期间，晴天中午畦内温度超过30℃时，掀膜通风，盖膜前适量洒水。幼苗出土后，喷1～2次广谱性杀菌剂液，防治苗期病害。待幼苗趋于停止生长时，掀去薄膜，锻炼2～3天，即可移栽。

4. 幼苗移栽 3月下旬将幼苗移栽于苗圃。移栽时尽量多带根，用剪刀剪去垂根1/5～1/4，以促生侧根；按20～50厘米株行距栽植。栽苗时要严格掌握栽植深度，力求做到随起随栽，以减少幼苗根茎在空间的暴露时间，栽后浇1次定植水。

5. 砧苗管理 待苗木缓苗后，顶端开始在生长时，按每667米^{2}10千克尿素的标准，施肥灌水。待苗木生长至50厘米左右时，采心促进其加粗生长。苗木生长期，注意防治叶部病虫害。待苗木生长至0.8厘米粗，尚未木质化时，即可嫁接。

（二）接穗采集

在品种纯正、生长结果正常的成龄核桃树上采集接穗，选择生长发育健壮的发育枝或营养枝作为接穗。注意要选择新梢中上部的芽作为接芽，基部已经开始木质化部位或顶端或幼嫩的芽均不宜作为接芽用。采下的接穗立即留0.5厘米左右叶柄并剪去叶片，用湿棉布包裹，放在阴凉处保存。

（三）嫁 接

采用大方块芽接法嫁接。5月下旬至6月下旬为适宜嫁接期。嫁接时，选择距地面20厘米左右处尚未木质化的平滑处，用自制双口刀同时横切一刀，再在一侧纵切一刀，用左手拇指将砧木上的皮接下；然后迅速在接穗上取下同样大小的芽片，贴于砧木去皮处；快速用塑料布条自下而上绑紧。注意保持芽眼和叶柄外露。芽生长以 2.5 厘米以上为宜，宽 1.5～2.0 厘米。

（四）嫁接后管理

嫁接后，随即将砧木保留接芽上的 2 片叶剪头，分次及时抹去砧木上萌发的芽眼。待嫁接后 20 天左右，接芽明显萌发时，从接芽上 1 厘米左右处剪除保留的两片叶，促进接芽萌发。待接芽生长至 10 厘米左右时，按每 667 米^{2}10 千克尿素的标准，施肥灌水；待生长至 30 厘米左右时，再施一次肥，促进接芽快速生长。

总之，核桃种子较大、无生理休眠、嫁接成活率低等育苗中的突出问题，通过早育苗、早嫁接（5～6 月底）、选嫩枝嫩芽作接芽，选择与接芽发育程度相当的砧木，改良嫁接工具和嫁接方法，适时剪砧，加强肥水管理等措施，即可达到当年嫁接率 95% 以上，嫁接成活率 90% 左右，萌芽成活率达 80% 以上的快速育苗效果。

二、如何提高核桃坐果率

核桃由于受传统的零星散栽、粗放管理的栽培方式影响，管理意识落后，方法欠妥，技术实施不到位，致使核桃的结果期推迟，应有的栽培效益没能更早、更好地发挥出来。特别是原本结果的雌花就少，加之落果严重、产量低，栽培效益就较差。因此，根据核桃易落果、低产这一特点，应采取以下措施提高核桃坐果率。

（一）建园时合理选择与配置授粉品种

核桃为雌雄异芽异花，虽然雌雄同株，雄花量较大，完全能满足授粉的需求，并且同一品种内自花亲和性较强，但是由于雌雄花开放的时期不同，即雌雄异熟现象，造成花期不相遇，严重地影响了授粉受精，这是影响核桃坐果的重要因素之一。

目前，栽培核桃品种多数为雄先型，即雄花先开放，仅少数品种为雌先型。建园时，雄先型与雌先型品种应合理搭配。现行推广的优良早实雄先型品种有中林5号、薄丰、鲁光、辽宁1号、辽宁4号等；雌先型品种有中林1号、中林3号、西林2号等。主栽品种与授粉品种品质相当的情况下，可按1∶1的比例配置；若授粉品种质量较差，可按主栽品种与授粉品种3～5∶1的比例配置。另外，核桃为风媒花，有效传粉的距离较近，主栽品种与授粉品种的距离以20米左右为宜。

（二）人工辅助授粉

核桃具有花期不遇、风媒传粉等特点，加之幼树先形成雌花，缺少雄花；花期易受阴雨、降温、大风等不利天气因素的影响，即便有授粉品种，也会造成雄花散粉的障碍，影响正常的授粉受精。为此，核桃更需要人工辅助授粉。

1. 花粉采集 结合疏雄花，选择颜色转黄即将散粉的粗壮花序放在白纸上摊开，置于室内通风干燥、22℃左右的条件下晾干，促其散粉。将花粉与花药筛离，将花粉装入棕红色瓶中，置于3℃～5℃温度条件下备用。

2. 花粉稀释 授粉前，可将花粉与淀粉按1∶10的比例混合均匀，用于人工点授；或将花粉与淀粉按1∶100～200的比例混合均匀，放在双层纱布袋内进行人工抖授；或将花粉与水按1∶5 000的比例配成花粉液，用喷雾器喷授。

3. 授粉时期 待雌花的羽状柱头略向外翻卷时，分泌的黏液最多，接受花粉的能力最强，为授粉的最佳时期。一般一朵雌花的有效授粉时期为2～3天。由于同一株树上的雌花开放时期不同，所以为确保授粉率，整个花期应授粉2～3次。

（三）疏 雄 花

核桃的雄花芽量较大，雄花序的生长发育需消耗大量的营养物质，造成营养的无效消耗，会明显影响前期叶片的生长和雌花的发育。疏除雄花序，可集中营养供给雌花，提高雌花的质量。据疏雄花试验表明，疏雄花序可提高坐果率9.8%～27.1%，可增产30%～45%。

疏雄花序的时期越早越好，越早节省养分的效果越好，但太早也不好疏，效率低且强度大。适宜的疏雄花时期以雄花芽明显膨大，长约1厘米左右为宜。

（四）保花保果

核桃自然落花落果较为严重，一般为10%～20%，高达49%。落花落果的主要原因是授粉受精不良、营养水平较低。保花保果的综合技术措施有以下几个方面。

第一，加强营养管理，提高营养水平，满足开花坐果和幼果生长发育所需的营养物质。一是防止早落叶，提高贮藏营养物质的含量；二是萌芽前施速效氮肥，促进前期叶的形成和萌芽过程中雌花的进一步分化；三是开花前施一次肥，促进开花坐果；四是花期喷0.3%尿素或0.3%磷酸二氢钾1～2次，增强叶片的光合能力和供养能力。

第二，花期喷GA3，适用浓度为30～40毫克/升。

第三，花期喷微量元素，适宜浓度为硼砂0.2%～0.3%，钼酸铵0.1%～0.2%，或者喷0.2%～0.4%的复合微量元素，都有促进受精、提高坐果率的作用。

三、如何预防核桃抽条

"抽条"指冬春季土壤温度低、湿度小、空气干燥，树体地上部分蒸腾失水多于根系供水，造成的果树枝条干枯死亡的现象。我国北方地区的果树中核桃抽条现象最为常见，这与核桃枝条髓部较大、组织疏松、自身保水能力相对较差有关。据

2005—2007 年在豫北地区调查发现，核桃枝条抽条率一般为20%～50%，个别园区高达 90%，严重影响了核桃产量和经济效益。笔者现将多年来对诱发核桃抽条的原因调查结果及预防措施介绍如下。

（一）园地选择

园地选择不当是造成核桃抽条的主要原因之一。选择适宜的建园地点是预防核桃抽条的根本措施。在山区建园时，注意选择沟谷两旁积土较厚、土壤较肥沃、保水能力较强的地块，在平原地区则选择地势较高、地下水位在 1 米以下的地块建园。在地形较为复杂的丘陵山区，要注意选择背风向阳，特别是避开风口处建园；平地则在迎风面营造防护林，以减少因风造成的树体失水。

（二）土壤条件

土壤的保水供水能力及其对根系生长发育状态和吸水能力的影响，与抽条现象密切相关。创造良好的土壤条件是预防核桃抽条的重要措施。栽植前要深挖定植穴，结合施优质腐熟的农家肥。栽植后，每年树叶由绿转黄变色期至落叶期（10 月下旬至11 月中旬），深翻扩穴，结合施农家肥，回填后灌足水，可以起到加厚活土层、改良土壤、保持地温的作用，从而增强园地土壤保水性、促进根系生长、扩大根系分布范围、增加根量、提高根系吸收肥水能力、避免或减轻抽条。

（三）枝条成熟度

充分成熟的枝条木质化程度高，组织充实，抗失水能力强。春季萌芽期追施以氮为主的复合肥，促进枝叶生长，强化生长季前期的营养生长，奠定良好的营养基础；而生长季中后期则应增加磷、钾肥使用量，如叶面喷施 0.5% 的磷酸二氢钾等，促进枝梢成熟。修剪应避开伤流期，于秋季落叶前短截各类延长枝；7～8月份对枝梢进行摘心，控制延长生长，促进加粗生长和成熟。根据树体大小和生长势，春季萌芽期按每平方米树冠投影面积土施15%多效唑2～4克，或7～8月份叶面喷施1000毫克/升的多效唑，对控制枝梢旺长、促进枝梢成熟有明显效果。生长中后期喷4000倍三氟氯氰菊酯乳油＋40%多菌灵可湿性粉剂600～800倍液＋0.5%尿素，可防治叶斑病、大青叶蝉等危害叶片的病虫害，也可防止早落叶，以及提高生长后期叶片的光合能力，增加贮藏营养含量，提高枝条抗失水能力和根系吸收能力等的作用。

（四）土壤水分管理

冬季土壤封冻前灌1次封冻水，灌足灌透，提高越冬期土壤含水量；春季土壤解冻时及时春灌，补充土壤中的水分，并覆盖地膜保持土壤墒情，提高土壤温度，以增强根系活性和吸收能力，确保水分的补充，维持树体内的水分平衡，避免或减轻抽条。

（五）间 作

新植核桃园，前3～5年树体小，树冠稀疏，可利用行间进行间作，以提高前期土壤利用率，增加收入。但据在豫北辉县市调查，同一园地间作玉米的地块抽条率高达80%以上，而间作花生、大豆的地块抽条率不足10%，这与间作高秆作物，园内通风透光不良造成枝条徒长虚旺，木质化程度低，容易失水有关。因此，核桃园行间间作应注意选择低秆的豆科作物，严禁种植高秆作物。

（六）越冬期间的树体保护

秋季新植幼树采取主干套袋措施，防止失水；对多年生树，采取落叶后涂白、喷高脂膜液、涂抹动植物油等措施，减少树体水分蒸腾，保持树体内的含水量，防止抽条。

四、如何让早实核桃早结果

核桃是重要的干果树种，近几年来大规模发展核桃，群众积极性高涨，但栽培技术还很欠缺，为保证广大农户栽种核桃能取得应有的回报，应该注意以下栽培技术要点。

（一）选择优良的早实核桃品种

核桃长期在黄河流域及以北地区栽培，期间培育了许多品种，分早实和晚实两大类。早实核桃原产地主要在新疆，各品种基本上都有新疆核桃的特征，其主要特点是栽植第一至第二年即可见果，但抗病性较弱，主要品种有香玲、元丰、鲁光、丰辉、中林五号、辽核一号等。晚实核桃栽植第五至第六年才开始挂果，但抗病性较强，主要品种有清香等。

（二）核桃建园注意事项

1. 立地条件的选择　建核桃园应选择在坡度较缓、土层深厚肥沃、排水良好、背风向阳、石灰岩发育的土壤。页岩、花岗岩发育的土壤虽也可以栽种核桃，但要在结实期施石灰补充土壤中的钙质。地势低洼积水、土壤过黏重的区域不宜发展核桃。

2. 整地　早实核桃结果较早、丰产性好：第三年有少量的产量；第五年可进入盛果初期，单株产量可达到 4～5 千克；第七年进入盛果期，单株产量可达到 7.5～10 千克（每 667 米^{2}产 400～500 千克）。要保证并持续高产稳产，土壤中能供给充足的养分是至关重要的，而高标准整地是基础。

最好的整地方式是修筑梯田和抽槽换土。有条件的地方最好修梯田，在梯田的基础上抽槽换土或挖大穴。抽槽换土也是很好的整地方式，一般在坡度较缓的地方或平地进行，按行距

4～4.5米，挖宽0.8～1.0米、深0.7～0.8米的槽，再一层秸秆一层土，分层踏实回填，最后起成高约15厘米的垄。回填时要表土在下，心土在上，要分层填入秸秆、青草、稻草、树叶等充分踏实。采用大穴整地投入较少，可挖株行距4～4.5米×3.3～4米的密度，挖1米×1米×0.8米的穴，挖好穴后同抽槽换土一样，表土在下，心土在上，分层填入秸秆等有机物且分层踏实。

整地时间最好在9～10月份进行，这时整地在回填时有大量的秸秆、青草可以回填，而且气温较高有利回填物的腐烂。最晚的整地时间也应在年前完成。

3. 栽植方法　早实核桃树体矮化，适合于密植栽培，每667米^{2}栽40～50株较为合适，可采用株行距4.5米×3.5米或4米×3.3米。栽培时间自秋季落叶至翌春萌发前均可进行，此期间内尽可能早栽，既能提高成活率，又能提高当年的生长量。

栽植时先进行根系修整，去破伤根段、过长的根，上部留80厘米定干。栽植时用细土将根系分层按紧踏实后浇透定根水，可用0.4%尿素＋0.4%磷酸二氢钾混合肥液作定根水，效果会更好。最后在上面覆一层松土（不能压实）。注意不能栽得太深，要将嫁接口露出地面，不要埋入土中。

（三）早产丰产栽培技术

1. 幼年期的管理　幼年期是指栽植后1～3年。此期管理工作的主要任务是加强肥水管理，加快树体的生长，为以后早产丰产打下良好的物质基础；搞好树体整形，培养好丰产树形的骨架。

（1）栽植当年的管理　当年主要是在确保成活的基础上，加快苗木的生长，具体要进行以下方面工作：①栽植至5月底，在较大干旱时要浇水抗旱，特别是在萌芽展叶期尤为重要；雨季要及时清沟排渍，防止根系发病死亡。能否合理控制好水分是成活率高低的关键。②6月份开始勤施肥料，一般6～9月份，每月施1次尿素，施肥量每次每株50克，10月份每株施磷钾复合肥100～150克。③整形。待苗木长到80厘米时摘心（对于栽植时已定干的苗不需要摘心），待发芽后选留3个方向不同、相距6～8厘米的壮芽作主枝培养，在3个作主枝培养芽的附近5～6厘米以内的其他芽全部抹去，以免影响3个主枝芽的生长；待不影响主枝生长的芽长到20～25厘米时摘心促发分枝，分枝后处理同前。待留下的3个主枝长到40～45厘米时摘心，分枝后选一个前端芽为延长枝，选一个芽作侧枝培养；延长枝长到45～50厘米时摘心，侧枝长到30厘米时摘心；打桩采用绳子拉的方法，使三主枝分布方向均匀，分枝角度为45°左右。不影响延长枝和侧枝生长的芽，依其疏密程度抹去或留下：一般相距15～20厘米留1芽，待枝长到20～25厘米时摘心作辅养枝培养。有些核桃早实性强，苗木栽植当年萌芽时大部分都有雌花芽出现，发现后应及时摘除，以免影响成活和树体生长。

（2）**第二至第三年的管理**　第二至第三年管理的主要任务是加快树木生长，促使尽快成形，为今后丰产打下良好的基础，同时也可让果树少量挂果。一般第二年春将雌花芽全部摘去，促进树体生长，第三年每株树结40～60个果（每667米^{2}产量达20～25千克）。管理工作的重点是整形修剪和肥水管理。

整形修剪工作主要注意以下两个方面：①在上一年的基础上，再培养一个侧枝，使每个主枝有两个侧枝、一个延长枝，全树就成了"三枝九头"。第一侧枝距主干40～45厘米，第二侧枝距第一侧枝50～55厘米，采用摘心、拉枝等方法完成。②在侧枝、延长枝及主枝上两侧培养结果枝组，采用摘心、扭梢等修剪手法，使不同大小的结果枝组充满树体空间。结果枝组配置的原则是内大外小，即内密外疏、大小交错、密而不挤、疏而不空。肥水管理重在施肥和排水。施肥1年4次，秋季落叶后每株施腐熟的有机肥（农家肥）10～15千克，春季萌芽时每株施尿素100～150克、5月中下旬每株施尿素100克＋磷钾复合肥50克、8月上中旬每株施尿素100克＋磷钾复合肥100克、10月上旬每株施尿素 50 克＋磷钾复合肥 150 克。在树冠外围环状埋施，施肥后如遇干旱可适当浇水以利肥料的吸收。降雨量大时，要特别注意做好排水工作，因为核桃耐旱怕涝。

2. 成年期管理 早实核桃前期管理到位，进入第四年开始大量结果，第六至第七年达到盛产期，丰产园可达到每公顷年产核桃 6 000～7 500 千克。此期的管理重点是保持结果与生长的平衡，保证连年稳产高产，主要抓好施肥和修剪两大关键技术。

（1）**施肥量** 一般按每平方米冠幅施纯氮 50～60 克、五氧化二磷和氧化钾各 25～30 克、有机肥（农家肥）5 千克。有机肥于秋季落叶前后作基肥埋入。追肥每年进行 4 次，第一次于核桃开花萌芽期，以氮肥为主配合磷钾肥，追肥量占全年追肥量的50%；第二次于六月上中旬，仍以氮肥为主，配合磷钾肥（但磷钾肥的比例要略上升），占全年追肥量的 25%；第三次于 7 月上中旬，氮磷钾之比基本相同，占全年施肥量的 15%；第四次于采收后，以磷钾肥为主、氮肥为辅，占全年追肥量的 10%。施肥后如干旱可适当浇水，以利肥料的吸收。要特别注意做好排涝工作。

（2）**修　剪**

①骨干枝的修剪 此期骨干枝基本定型，骨干延长枝不再向外延伸，修剪时要注意利用枝上芽复壮延长枝，主、侧枝上多留枝叶；外围枝如果密挤、交叉重叠互相影响，那么应当将其疏除和适时回缩。

②结果枝组的更新复壮 对于衰弱的结果枝组要及时更新，方法是剪去生长势较强、向上部位的枝条，按树冠外中内顺序培养小、中、大枝组。在更新过程中，要控制旺枝生长，防止"树上长树"现象发生。

③利用徒长枝 对徒长枝采取有空就留、无空就疏的原则，留下的徒长枝进行摘心、短截等方法培养枝组。

④清除无用枝 对过密、重叠、交叉、病虫、干枯、细弱枝条一律疏除。

（四）核桃园的土壤管理

核桃园的土壤管理至关重要，是保证能否丰产稳产的重要一环。土壤管理要做好以下几点。

1. 合理间种 对于幼年核桃园，提倡间种矮秆作物，以耕代抚，既可获得当年收益，又可熟化土壤，有利树体的生长。在间种中应注意两个问题：①不能间种玉米、高粱、向日葵等高秆作物，以及瓜类等攀缘植物，以免影响核桃树的光照；②间作要为核桃树生长提供足够空间，在不影响核桃树生长的前提下进行，一般应掌握在树冠外围间作的原则。对于成年核桃园可间作生姜等耐阴作物。未间作的核桃园在春季萌芽期、6月中旬、7月上中旬、采收后，结合追肥中耕锄草1次。

2. 盖草 对核桃园土壤使用青草、农作物秸秆覆盖，既可降温保墒、抑制杂草，又可增加土壤有机质、改良土壤，可大力提倡推行。核桃园覆盖每次盖2～3厘米，待腐烂后再覆盖。全园覆盖工作量大，可只覆盖树冠部位。新建园当年在苗周围进行覆盖，可提高成活率和加快苗木生长量。

3. 深翻 核桃园每年或间隔一年要改土一次，沿树冠外缘向外扩宽40～50厘米，深度为60～70厘米，并埋入秸秆、土杂肥、绿肥、青草等，熟化土壤，提高土壤有机质的含量。成年园可在株间或行间分年抽槽压入有机肥及杂草、秸秆等。增加土壤有机质、熟化土壤是确保高产的基础工作。

核桃主要病虫害防治见本书第六章病虫害防治部分。

五、如何对核桃树合理整形修剪

（一）核桃生物学特性与整形修剪的关系

1. 枝干特点 核桃是落叶乔木，树体高大，根系发达，寿命长，200 年生的大树仍然能开花结果。核桃比较喜光，层性明显，萌芽率低，成枝力较弱，自然更新能力强。树冠开张，多呈圆头形，生产上多采用疏散分层形和自然开心形两种树形。

枝条顶芽肥大、充实，抽生的新梢生长势强，很少发生分枝。因此，在定植 2～3 年后，植株有一定分枝时才能按树体结构要求进行整形修剪。4～5 年生以后，核桃地上部分生长速度加快，分枝逐渐增多，10 年生左右的树体骨干枝可基本形成。枝条分枝角度大，成龄树的分枝多横向生长，盛果期的枝条则趋向下垂生长。所以，核桃树定干不宜过低，各级骨干枝也应适当高留，以保证枝条下垂后有适当的生长空间。另外，核桃的背后枝生长力很强，任其自然生长容易超过原头，并形成"倒拉枝"现象，在修剪时要严格控制背后枝的生长。

核桃一年生枝髓部较大，受伤后容易失水，伤口也不易愈合，剪截后会造成枝条干枯。因此，核桃一年生枝一般不宜短截。

核桃顶端优势强，一般壮枝顶端的 2～3 个侧芽能萌发抽枝；弱枝则只有顶芽能萌发抽枝；下部的侧芽，虽然也能萌发，但生长不良，经常枯死；基部侧芽一般不萌发，形成隐芽。因此，核桃树大枝基部易光秃，树冠内膛空虚，结果部位外移。

2. 枝、芽特点　核桃的芽分为叶芽、雌花芽、雄花芽和隐芽。核桃的雌花芽着生于枝条的顶端 1～3 节，是混合芽，芽体肥大，圆形，鳞片紧包；萌发后抽生结果枝，在结果枝的顶端开花结果。雄花芽为纯花芽，圆锥形，鳞片很小，不能覆盖芽休，为裸芽；萌发后为柔黄花序，多着生于枝条中、下部的细弱枝上。基部的芽一般不萌发，成为隐芽。

按生长的位置可分为顶芽和侧芽。核桃的顶芽有真顶芽和伪顶芽。凡未着生雌花，由枝条顶端生长点形成的芽为真顶芽；着生雌花者（结果枝）其顶芽为伪顶芽。核桃的侧芽是上下排列的复芽，上芽为副芽，下芽为主芽。

核桃的枝条有结果枝、结果母枝、发育枝、雄花枝和徒长枝。着生果实的枝条为结果枝，着生结果枝的枝条为结果母枝，结果母枝顶端上部几节着生雌花芽。核桃结果母枝分长、中、短三种类型。长度在15厘米以上，横径在10毫米以上者为长结果母枝；长度7～15厘米，横径8～10毫米者为中结果母枝；长度不足7厘米，横径不足8毫米者为短结果母枝。以中结果母枝抽生的结果枝最好；不足5厘米长的结果母枝生长弱，结实力低。只抽枝长叶、不开花结果的枝条是发育枝。发育枝是扩大树冠和着生结果母枝的基础，健壮发育枝顶芽以下3～5个侧芽能萌发抽枝；弱发育枝的侧芽有的不能萌发。核桃的雄花枝是6厘米左右的细弱枝条，顶芽为叶芽，侧芽为雄花芽，此类枝条极易干枯。徒长枝长度在50厘米以上，生长旺盛，节间较长，不充实，多发生在树冠内膛。

3. 结果习性　核桃定植后，一般5～6年开始结果，20年左右进入盛果期，经济结果年龄可达100年以上。核桃结果的早晚也与品种和栽培技术有关，早实核桃和嫁接核桃2～3年可以见果，晚实核桃和实生核桃则要8～10年才能结果。长势健壮的结果母枝有连续结果的习性，生长势弱的则出现隔年结果现象。

核桃是雌雄同株异花的果树，在同一株上雌花和雄花开放的时间也不一致，即具雌雄异熟性。核桃雌雄花期可分为雄先型、雌先型和同期型3种，但同期型少见。因此，核桃自花授粉比较困难，栽培上要求配植授粉树。初结果的核桃幼树一般雌花多于雄花或无雄花，应进行人工授粉。随着树龄的增加和产量的增多，雄花量也逐年增加，盛果期大核桃树雄花多于雌花。

（二）核桃常见树形

1. 疏散分层形　树冠大，骨架牢固，负载量大，通风透光，寿命长，适于干性强、较直立的品种，以及株行距大、立地条件好的情况下采用。核桃疏散分层形一般干高1～1.5米，主枝

5～7个，分2～3层。第一层2～4个主枝，第二层2个主枝，第三层1个主枝。第一、第二层间距离1.5～2米，第二、第三层的层间距离1米。第一层层内距离40～50厘米，第二层层内距离20～30厘米。第一层每主枝留2个侧枝，第二层每主枝留2个侧枝，第三层主枝留1个侧枝。主枝上第一侧枝距中心干1米；第二侧枝在第一侧枝的相反方向，距第一侧枝60厘米；第三侧枝在第一侧枝的同侧，距第二侧枝1米。基部3个主枝的水平角度为120°，第二层和第三层主枝应插空选留，防止上下层主枝重叠。各主枝的垂直角度一般为60°，侧枝与主枝的分枝角度为50°左右。

2. 开心形　开心树形无中心干，通风透光条件好，骨干枝安排比较灵活，容易成形，便于管理，结果早；适于立地条件差、土壤瘠薄和比较开张的品种。

核桃自然开心形选留2～3个主枝，主枝着生在主干上，垂直角度可小于疏散分层形。每个主枝上配备2～3个侧枝，立地条件好的可适当多留1～2个。第一侧枝距主干80～100厘米。第二侧枝在第一侧枝的对侧，距第一侧枝50厘米。第三侧枝与第一侧枝方向相同，距第二侧枝80～100厘米。主枝多于3个时，侧枝要少留，一般1～2个；也可不留侧枝，只留大型枝组。侧枝过多容易光照不良，影响小枝的发生和生长，结果部位外移，产量降低。

（三）修剪时期

核桃的修剪时期与其他果树不同。休眠期的核桃树有伤流，如果此期枝干受伤，树体内的汁液会从伤口大量流出，使养分流失；轻者引起树势衰弱，重者导致枝条干枯或全株死亡。所以，核桃在休眠期不能进行修剪。

核桃修剪最佳时期是采收后到叶片变黄前，此时修剪树体不会发生伤流，伤口愈合快。此外，在核桃展叶后至幼果横径1厘米时也可进行修剪，但容易损伤幼果和嫩叶。

（四）核桃不同年龄树的修剪

1. 幼树修剪 因立地条件和品种的不同，核桃的定干高度也不一样。干性强、较直立的品种，如果立地条件好、肥水充足，或进行果粮间作，定干高度应适当提高，可留 1.5～2 米；反之，比较开张的品种，在立地条件差的情况下，定干高度可在 1 米左右。

核桃幼树生长缓慢，定植 2～3 年可不修剪，待有一定分枝时选留直立向上的壮枝作中心干，并在整形带内选方向好、垂直角度合适、邻近、长势相近的 3 个壮枝作为第一层主枝。其余的分枝在不影响主枝生长的情况下尽量保留，并用控制枝势的方法使之提早结果和辅养树体。栽后 5 年左右选留第二层主枝，以后再留第三层主枝。各层主枝要插空选留，防止上下层间互相重叠。在选留主枝的同时要注意选留和培养侧枝。侧枝一般选用向外斜生的枝条，背后枝不宜选作侧枝；侧枝与主枝间的分枝角度一般为 50° 左右。为防止"掐脖"，不要留把门侧，第一侧枝距中心干不能少于 1 米。

（1）**背后枝的修剪** 核桃枝条分枝角度大，水平枝上的下芽比上芽和侧芽充实，萌发后生长势强。这样，背后枝生长往往超过原头，造成主从不分明、树冠枝条紊乱的现象；背后枝应严格控制，不能作为侧枝使用。如果原头已变弱，背后枝很强，且方向、角度合适，可用背后枝代换原头。背后枝与原枝头长势相近时，应及时去除背后枝。如果背后枝生长势弱或已成花，可以使其结果，并改造成结果枝组，但要严格控制。

（2）**初结果树的修剪** 核桃定植后 2～3 年或 5～6 年，甚至 8～10 年才能进入初果期。此时树体骨架基本形成，但尚未配齐。营养生长仍然旺盛，枝条粗壮，芽子饱满，成枝力强，树冠迅速扩大，结果面积增加明显，产量逐年增多。修剪的主要任务是按树形要求继续培养主、侧枝，以便骨架牢固，长势均衡；还要有计划地配备结果枝组。

初结果期的核桃应严格控制背后枝，以免扰乱树形。在不影响骨干枝生长的前提下尽量多留辅养枝以补充空间，增加早期产量。辅养枝的修剪方法是去强留弱，或先放后缩、放缩结合，使其尽量多结果，若初果期树上的徒长枝生长势特别强，则容易扰乱树形，也不易培养成结果枝组，修剪时应予疏除。对非骨干性的一般枝条，强者疏除、弱者保留，以增加营养面积，待树势缓和后再逐步去掉。结合辅养枝的修剪，要有计划地配备结果枝组，大树一般80～100厘米留一个大型结果枝组，60厘米左右留一个中型结果枝组，40厘米左右留一个小型结果枝组。

2. 盛果期树的修剪 核桃一般20年左右进入盛果期，如果栽培条件好可维持40年左右。此期树冠形成，树姿逐渐开张，产量逐年增加。随着产量的增加，树冠继续开张，树势生长缓和，树冠扩大的速度减慢并逐渐停止；多年的延伸使下部和外围枝条开始下垂，结果部位外移。外围枝条数量增多，树冠内通风透光不良，内膛小枝枯死，主枝基部开始光秃。此时修剪的主要任务是调节生长与结果的关系、处理辅养枝和下垂枝、回缩外围枝、疏或间过密枝和细弱枝，以保持良好通风透光条件，维持健壮的树势，达到高产稳产、延长盛果期年限的目的。

（1）盛果期骨干枝和辅养枝的修剪 盛果期的核桃大树应利用三叉枝逐年落头，最后落到用最上一个主枝代替原头为止。各主枝如果需要扩大树冠，则应保持枝头的长势，及时控制背后枝。当相邻两树接近搭接时，可用反复换头的方法控制其伸长。对延伸过长、生长变弱、先端开始下垂的主侧枝头，可在斜上方生长强壮的分枝处回缩换头，以抬高枝头角度，增强其生长势。

盛果期树上辅养枝的修剪采取"留、改、疏"的原则。有空间不影响骨干枝生长的辅养枝，可以暂时保留，令其结果，增加产量；有一定空间时，可以对辅养枝进行回缩，改造成结果枝组；如果辅养枝已影响骨干枝的生长，则应疏除。但是，大型辅养枝不宜一次疏掉，要分期进行，可先在分枝处回缩，以免因回缩过重造成徒长枝大量发生。总之，辅养枝的存留以不影响中心干和主、侧枝生长为原则；影响小的少疏除，影响大的多疏除，严重影响时全部剪除。

（2）**结果枝组的培养** 核桃树的结果枝组从初结果时就要有计划、有步骤地进行培养。一般采用先放后缩的方法，即在树冠的适当部位选健壮的枝条长放，并将其周围的弱枝疏除，待保留的枝条分枝后进行回缩，促使加粗并向横向扩展，增加枝量，使其结果。结果枝组的位置应选在主侧枝的背斜侧和背上部，一般不用背后枝。培养结果枝组要大枝、中枝、小枝配备适当、分布均匀。每100厘米左右留一个大型结果枝组，60厘米左右留一个中型结果枝组，40厘米留一个小型枝组。盛果期大树的大、中型结果枝组多数由骨干枝上的大、中辅养枝改造而成；中、小结果枝组多数由有分枝的壮发育枝去强留弱、去直留平培养形成。

结果枝组的修剪，是对影响光照、生长密挤的枝进行回缩或疏除；连续多年结果，长势变弱的枝组应更新复壮，即采取去弱留强、去老留新、去下垂留斜生的方法维持其健壮的长势。大、中型结果枝组，要控制其长势，限制过度延伸，在下部培养预备枝，前部变弱后及时回缩，使其更新复壮。

（3）**下垂枝、外围枝和徒长枝的修剪** 随着树龄的增长和产量的增加，树冠也逐渐开张，下垂枝逐年增多。一些长期不处理、多年延伸的背后枝也随着树冠的开张形成下垂枝。这些下垂枝生长势强；组织不充实，结果能力差，消耗养分多。处理的方法是，生长旺盛的下垂枝可从基部剪除或剪去下垂枝上的强枝，以削弱生长势；生长中庸的下垂枝如果有饱满的花芽，可以暂时保留，并改造成结果枝组；生长衰弱的下垂枝可以回缩，抬高角度，使之复壮；生长过弱者要疏除。

由于树冠不断扩大，各种枝条连年地伸长和不断地分枝，盛果期树常会出现外围枝条密挤、重叠和交叉，使膛内光照不良。这类枝条应进行疏间或回缩，特别是雄花枝、细弱枝和干枯枝要及时疏除。

进入盛果期的核桃树，由于外围枝生长转弱，会萌发出大量的徒长枝。这些枝不仅大量消耗养分，而且扰乱树形，甚至形成树上树，影响通风透光。如果处理得当，合理利用，可以补充空间，增加产量。被改造利用的徒长枝，应该空间合理、方位适当、生长充实健壮。若生长势过强、较直立的徒长枝需要改造利用，则必须削弱其长势，如改变其生长方向、采用夏季摘心和秋季于春梢环痕处带帽剪截等方法，促其萌发分枝、缓和生长。生长中庸的徒长枝可以用先放后缩的方法培养成结果枝组。

3. 衰老树的修剪 核桃经过多年的大量结果，逐渐表现衰老现象：小枝干枯，内膛光秃，外围枝下垂，新梢生长变短，主枝先端焦梢，甚至大枝也枯死，树冠逐渐缩小，骨干枝中、下部萌发大量徒长枝，产量大幅度下降，甚至绝收。

核桃的自然更新能力很强，为了延长结果年限，增强树势，对衰老的核桃树应进行更新复壮。老树更新又叫务树，务树又分大务和小务。小更新是在大枝的中上部选方位好、角度好的健壮枝或徒长枝加以培养，回缩各级骨干枝，当更新枝强于原头时逐步锯除原头。结果枝组也要相应地进行回缩，抬高角度，使其复壮。这种方法修剪量轻，树势恢复快，也不会造成产量大幅度下降。出现严重焦梢的极度衰弱的老树应进行大更新，即在骨干枝中下部有良好的分枝处锯除，使之重新形成树冠。这种更新修剪量大，树势恢复慢，对产量影响也大，是在不得已的情况下进行的挽救措施。

核桃树的更新工作，无论是小务还是大务都是在加强肥水管理的前提下进行的，否则效果变差，甚至会导致死树。

4. 放任树的修剪 多年放任生长、不进行修剪的核桃树，一般表现为树形紊乱，枝条密集，轮生枝、重叠枝和并生枝多，大枝多小枝少，外围枝多，内膛秃裸，结果部位外移，通风透光条件差，有外围焦梢、大枝枯死的现象，树势衰弱，病虫害严重，产量低，大小年严重。

改造放任生长的大树要根据树龄、树势、立地条件等，因树修剪，随枝作形，灵活掌握，逐步进行，并且要加强肥水管理和病虫害防治。一般分三步走，第一步是解决通风透光的问题，以疏除大枝为主，打开层间；第二步是以处理外围枝和中型枝为主；第三步是培养和复壮结果枝组。

针对核桃放任树的生长特点，首先应疏除部分轮生枝、重叠枝、并生枝和交叉枝，去掉干枯枝和病虫枝，并调整树形；中心干明显，而且生长势也较好的，可以改造成疏散分层形。但是，一般放任生长的树大枝虽多，中心干都弱，所以多数树以改造成多主枝自然开心形为宜。选留的大枝要分布均匀，互不影响，有利于侧枝的配备。需处理的大枝，可以分期分批地进行疏除，将其回缩或先改造成结果枝组，以后逐渐处理。安排好大枝后，被选留的大枝上的中型枝（在留好一定数量的侧枝的同时），也要进行适当的疏间或回缩，以打开层次，引光入膛，促使内膛萌生新枝。树冠外围的下垂枝、焦梢和细弱枝要在有良好的分枝处进行回缩，抬高角度，增强树势，同时要疏除那些细弱枝、病虫枝、过密枝和干枯枝，以减少养分的消耗。被改造的核桃大树，膛内萌生的徒长枝要有计划地改造培养成结果枝组。